应急救援"第一响应人"能力建设指南

宁宝坤　张　俊　主编

U0312978

应急管理出版社

·北　京·

图书在版编目（CIP）数据

应急救援"第一响应人"能力建设指南／宁宝坤，
张俊主编 . -- 北京：应急管理出版社，2021（2023.5重印）
ISBN 978 - 7 - 5020 - 8563 - 6

Ⅰ.①应…　Ⅱ.①宁…②张…　Ⅲ.①地震灾害—
救援—中国—指南　Ⅳ.①P315.9 - 62

中国版本图书馆 CIP 数据核字（2021）第 001979 号

应急救援"第一响应人"能力建设指南

主　　编	宁宝坤　张　俊
责任编辑	闫　非
编　　辑	孟　琪
责任校对	李新荣
封面设计	地大彩印

出版发行　应急管理出版社（北京市朝阳区芍药居 35 号　100029）
电　　话　010 - 84657898（总编室）　010 - 84657880（读者服务部）
网　　址　www.cciph.com.cn
印　　刷　北京建宏印刷有限公司
经　　销　全国新华书店
开　　本　710mm×1000mm$^1/_{16}$　印张　17　字数　219 千字
版　　次　2021 年 8 月第 1 版　2023 年 5 月第 2 次印刷
社内编号　20200951　　　　　定价　58.00 元

编　委　会

前　　言

　　"第一响应人"培训体系由联合国国际搜索与救援咨询团（INSARAG）倡议，中国地震应急搜救中心于2009年引入中国，是搜救中心针对基层、社区响应者在现场、无专业装备的条件下开发出的一套以生命救援为主的自救互救课程。培训不仅传播了应急响应技能和知识，提升了现场组织协调和指挥控制能力，更推动了地方基层应急力量动员机制的建设发展。十多年来，中国地震应急搜救中心积极将国际理念与国内实际相融合，通过与相关各方的共同努力，把"第一响应人"所倡导的理念、经验推广到了许多需要的地方，对于提升地方的防灾减灾和应急救援综合能力，建立政府和社会共同参与的综合防灾减灾体系意义重大。

　　"第一响应人"培训开展十多年来，积累了丰富的理论和实践素材，参加培训的地方应急工作相关人员、基层组织负责人、志愿者等纷纷要求编写出版培训教材，以便更好地推广"第一响应人"的理念与技能。为进一步推进培训工作的有序开展，提升基层应急响应能力，项目组在已有培训大纲和课件的基础上编写了《应急救援"第一响应人"能力建设指南》一书。全书配有大量图片、实际案例和延伸知识，以期更好地让读者认识和了解"第一响应人"。

　　本书的编写工作由中国地震应急搜救中心"第一

响应人"培训教官团队完成。第一章由张俊编写，第二章由高娜编写，第三章由高伟编写，第四章由胡杰编写，第五章由程永编写，第六章由李向晖、林牡丹、陈星、周小双、李美妮、郭苗、刘春梅编写，第七章由张天罡、曲旻皓、丁璐编写，第八章由许建华、张天罡、刘本帅、张玮晶编写，第九章由李立编写，第十章由刘晶晶编写。张俊负责大纲的拟定，宁宝坤、张俊负责全书的组织策划和统稿工作。本书的核心内容源于"第一响应人"培训课件，是"第一响应人"培训项目组所有参与课程开发、课件编写与改进教官的心血与成果！

本书的编写出版得到了搜救中心领导的高度重视与大力支持，同时获得了多位专家的宝贵意见与建议，包括搜救中心的曲国胜、杜晓霞、王念法、王海鹰、贾群林，云南省地震局的卢永坤、武晓芳，四川省德阳市应急管理局的章青健，在此一并表示衷心的感谢！

希望本书可以为基层应急救援"第一响应人"能力建设提供参考，不足之处，希望读者不吝赐教。

编　者

2021 年 6 月

目　　次

第一章 绪 论

本章主要介绍"第一响应人"培训体系的起源以及在中国的发展情况,阐述"第一响应人"的基本概念,哪些人可以成为"第一响应人",在灾害现场"第一响应人"要承担以及要履行哪些职能职责,"第一响应人"需要掌握哪些基本技能,掌握了基本自救互救技能的"第一响应人"在灾害响应中又能发挥怎样的积极作用。

第一节 "第一响应人"培训基本情况

一、"第一响应人"培训体系背景

1985年9月19日,墨西哥城发生7.8级大地震,在地震救援行动中,当地的救援力量主要来自政府、军方和志愿者,而国际救援队伍包括来自法国、瑞士、加拿大、意大利、巴西、德国和美国在内的7个国家8支队伍。由于缺乏有效的协调和统一的行动规范,无论是当地还是国际救援力量都很难有效开展搜救工作,尤其是国际救援力量的介入,反而给灾区带来了一定的负担。而这样低效且无序的救援情况同样也发生在1988年12月7日的亚美尼亚6.9级地震救援行动中。由此,参与这两次大地震国际救援的专家们发起了组建一个能够促进国际城市搜索与救援领域发展的组织的倡议。1991年,联合国搜索与救援咨询团(INSARAG)组织成立,由联合国人道主义事务协调办公室负责管理。

INSARAG成立之后,一直致力于推动国际城市搜索与救援领域在方法、机制、技术、协调等各方面的发展。2002 年，联合国大会第 57/150 决议提出"加强国际城市搜索与救援队伍援助工作的协调和效率"及"构建地方救援能力以应对突发灾难后的即时响应"。同时明确要求"所有成员国须确保国际队伍的派出和行动根据 INSARAG 指南与方法开展"。IN-SARAG 编写的《国际搜索与救援指南》是国际搜索与救援行动的纲领性文件，全面论述了国际搜索与救援反应系统的框架，指导国际搜救队伍开展能力建设，以促进救援行动有效开展。《国际搜索与救援指南》指出"第一响应人"能力建设是其他能力建设，包括城市搜索与救援能力建设的基础，明确了"第一响应人"在应急救援整体框架中的地位和作用(图 1 – 1)。

图 1 – 1　国际搜索与救援反应系统框架

2005 年，INSARAG 倡议开发了"第一响应人"培训课程体系，并在新加坡等地开展培训；之后又在《国际搜索与救援指南》框架下推出了"第一响应人"建设指南分册。2008

年汶川地震后，在 INSARAG 提出的"第一响应人"培训框架下，中国地震应急搜救中心与德国联邦政府技术救援署合作，针对地震生命救援全过程，以提升自救互救技能为目标，面向基层设计了"应急救援'第一响应人'"课程，作为中国地震专业应急救援体系的有效补充。

二、"第一响应人"培训在中国的开展及推广

2010 年，中国地震应急搜救中心联合德国联邦政府技术救援署（THW）开始在中国推广"第一响应人"教官培训项目，从 2010 年到 2012 年，针对地方官员、基层组织负责人、志愿者等先后在四川、大连、北京等地开展培训 10 期，举办大型综合演练 1 次，受众近 1000 人次。"第一响应人"所传授的知识和技能、所倡导的理念又经过学员广泛传播，实现了从最基层人员入手，切实提升了全社会自然灾害应对能力的初衷。

中德合作项目完成后，从 2014 年开始，中国地震局震灾应急救援司开始在全国推广"地震救援'第一响应人'"教官培训，以提升地方及基层的应急救援能力水平，提高社会的防灾减灾能力，并指派中国地震应急搜救中心教官每年赴不同省份结合当地灾害背景授课培训。截至 2017 年底，先后在福建福州、云南玉溪、山东青岛、湖北武汉、云南丽江、甘肃兰州、宁夏银川、安徽合肥、黑龙江哈尔滨、内蒙古呼和浩特、广东广州、青海海西、新疆乌鲁木齐、陕西西安和北京等地开展培训 15 期，培训人数超过 600 人次，为各地组建培训教官队伍奠定了坚实基础。

2018 年 3 月，我国政府推进国务院机构改革，中国地震局震灾应急救援司成为新成立的应急管理部下属的地震和地质灾害救援司，在其支持下，2018—2020 年，中国地震应急搜救中心在山东济南、广西梧州、福建莆田、云南玉溪、河北保定、甘肃永靖继续开展培训。

　　经过多年的努力，中国地震应急搜救中心把"第一响应人"培训所倡导的先进经验推广到了更多的地方，取得了不错的成效，累计培训近 1 万人次，搜救中心直接培训"第一响应人"教官约 2000 人次。"第一响应人"精准的培训定位、务实的救援理念、实用的操作技术、真实的现场体验，得到了地方政府和社会各界的高度评价，受到了基层的广泛欢迎。

三、"第一响应人"培训内容及目标

　　突发事件发生以后，专业救援力量到达现场的时间受天气、道路等因素影响，短则几分钟、几十分钟，长则数十个小时，而在专业救援力量到达之前，受灾地区的群众在灾后最初阶段的行动对整个救援的效果至关重要，基层灾害应对能力的高低直接决定着处理突发事件的效果。"第一响应人"培训是针对基层、社区响应者在现场、无专业装备的边界条件下而开发的一套以生命救援为主的自救互救课程。

　　培训内容理论与实操相结合，一是通过理论教学传递"第一响应人"的基本理念，讲授应急救援"第一响应人"概述、灾害形势评估、灾害现场危险识别与管理、灾害现场移交等理论课程，结合小组讨论、互动问答等形式，让培训人员明白在灾后第一时间，在专业救援队到达之前可以做些什么，如何在灾区进行调查，建立常见危险或危险识别的意识，掌握灾害现场组织管理的科学理念，并与专业救援力量做好衔接。二是通过实操练习掌握"第一响应人"的基本技能，包括初期搜索和救援技术、紧急医疗救助技术、搜救装备、救援心理的课堂讲授和动手操作练习，使培训人员能够学会在灾后现场使用简单的搜救技术，以及运用基本的生命救助方法，组织现场救援，在灾后第一时间快速有效响应，提高生命救活率。三是开展模拟灾害场景现场救援行动的综合演练，在真实的废墟场景中，将应急救援处置程序和培训所学知识串联起来，更好地掌握培训内容，增强自救互救能力，提高基层处置灾害的综合

能力。

四、"第一响应人"培训开展示范典型

（一）四川省德阳市

德阳市是最先开展"第一响应人"培训的城市，从 2010 年搜救中心开展第一期培训后，德阳市防震减灾局就将"第一响应人"培训列入每年度防震减灾工作要点，制订专项培训工作计划。2012 年，德阳市从参加过培训的学员中挑选出 25 名学员，由搜救中心的教官进行了为期 1 周的系统培训，经过多次试讲、逐一讲评和一对一辅导，授予 25 名学员"第一响应人"培训教官资质，为德阳市推广"第一响应人"项目提供了保障。

截至 2018 年 8 月，德阳市累计开展"第一响应人"培训 42 期，通过进社区、进学校、进农村、进机关、进宗教活动场所、进人员密集场所、进监狱等特殊场所，结合场所特点开展培训和演练，累计培训学员近 6000 人；2017 年 11 月，德阳市被国家列入第二批国家应急产业示范基地，也是四川省唯一的示范基地，其中"第一响应人"培训纳入德阳建设国家应急产业示范基地重点发展领域。

（二）云南省

2014 年，云南省地震局引入"第一响应人"培训，先后在玉溪、丽江、保山、昆明、红河、普洱、昭通、楚雄、大理、临沧、迪庆、曲靖、文山、德宏、怒江 15 个州（市）开展了 50 期"第一响应人"培训。每期培训定点对一个县（区、市），参训学员 40~60 人，培训对象主要为乡镇分管领导与应急处置骨干、县级抗震救灾指挥部成员单位应急骨干。目前，参加培训人数近 3000 人。

据云南省地震局"第一响应人"项目负责人介绍，"第一

响应人"培训得到了云南省地方政府的高度认可与重视,各地踊跃申请举办培训班。云南省地震局在强化"第一响应人"师资队伍建设,拓展"第一响应人"培训受众的同时,鼓励州市、县区自主办班,鼓励已接受培训的"第一响应人"向更多的基层群众传授自救互救技能,进一步提升基层应急救援能力水平,有效提高灾害风险防治能力,最大限度地减轻灾害风险。2019 年 6 月 13 日,云南省地震局就"地震救援'第一响应人'培训"召开新闻发布会,介绍了最近几年在云南省广泛开展的"地震救援'第一响应人'"培训情况,并计划在5 年内将培训覆盖全省每一个县(区)。

第二节　什么是"第一响应人"

一、"第一响应人"的基本概念

(一)"第一响应人"的由来及定义

"第一响应人"翻译自英文"First Responder",最早见于《英汉综合大词典》,指的是在工程领域,发生危险品事故时首先到达现场救援的人员;之后在《柯林斯英英词典》中也出现了这个词,指的是在医疗领域,通过培训能够在医疗应急中提供基本生命救助支持的人员。

在 INSARAG 编写的《国际搜索与救援指南》中,联合国将"第一响应人"定义为:建立在各个社区内最基层、最迅速和最直接的,从事应急救援、社区服务的民间组织、当地应急组织和机构或志愿者,定期接受专业的"第一响应人"培训,灾难时第一时间做出所在区域的有效应对。

联合国给出的"第一响应人"概念主要是基于西方社会社区发展成熟的背景。中国地震应急搜救中心将"第一响应人"培训引入中国后,结合中国实际开发了相应培训课程,并在联合国的基础上，对"第一响应人"的概念进行了具体化，我们将"第一响应人"定义为：经过训练的，在突发事件发生后第一时间赶到现场，能够组织信息收集与上报、指挥现场民众徒手或利用简单工具开展应急与救援的人员。

延伸阅读 >>>

美国的社区应急响应培训

1985 年，美国洛杉矶消防局提出了社区应急响应队（Community Emergency Response Team，CERT）的概念，并推出相关培训以应对地震的威胁。他们认识到，在发生地震等重特大灾害的早期阶段，民众很可能只能依靠自身的力量。因此，应该让民众掌握一些基本的应对灾害的技能，以便在专业应急救援人员到达前开展自救和互救。

很快，洛杉矶消防局开创的培训模式被美国其他消防局所采用，包括那些面临飓风威胁的社区。在此基础上，美国联邦应急管理署于 1994 年扩充了培训的内容，使之适用于多种灾害，并在全国推广"社区应急响应队"项目。此后，数以千计的专业培训师、组织机构和普通民众学习了新技能，为有效应对灾害做准备。

（二）哪些人可以成为"第一响应人"

广义来讲，任何人经过培训并通过考核，都能够成为一名"第一响应人"，但为了更大限度地发挥"第一响应人"的作用，培训课程主要是为参与突发灾害应急响应的当地应急人员及当地社区组织的成员而设计。因此，培训的重点对象包括：基层官员、消防人员、警察、专业部门负责人、居委会/社区负责人、医院/学校负责人、企事业单位负责人或安全管理人员以及志愿者。

（三）"第一响应人"的特征

1. 地点要求

"第一响应人"会第一时间出现在灾害现场，直接面对各类灾害场景，火灾爆炸、房倒屋塌、人员埋压、人群惊慌失措等等，甚至可能受灾的就是自己的家人、朋友。因此，"第一响应人"的第一条特征是在地点上有要求，能够在第一时间到达灾害现场。

2. 时间要求

"第一响应人"的第二条特征是在时间上有要求，就是第一时间，这里的第一时间不具体指时长，而是一个相对的概念，如果发生的是小范围火灾、小级别地震等非重大突发事件，专业救援力量或专业部门 1 h、甚至几十分钟、十几分钟就能到达现场处置，那么"第一响应人"响应的"第一时间"就是这短短的一段时间；如果发生汶川地震那样的重特大突发事件，因为信息不畅、道路中断等原因，专业力量达到部分受灾地区的时间可能需要几十个小时甚至更长时间，在这种情况下，"第一响应人"响应的"第一时间"就会相应变长。

因此，"第一响应人"响应的"第一时间"是指灾害发生后到专业力量到达现场的这段时间，专业力量可以是专业救援队或者是可以接手现场处置工作的相关部门或人员，具体时长会因为灾害大小、受灾程度而不同。

3. 能力要求

灾害现场情况往往十分复杂，比如存在次生灾害等潜在危险，惊慌的人群、待救的受困者，信息也真假错综，因此，"第一响应人"的第三条特征是对其能力有要求。"第一响应人"必须经过培训、掌握一定的技能，包括现场的指挥控制能力、组织协调能力、基本的自救互救技能等，可以开展简单的现场指挥协调、搜索营救和医疗救助等活动。

在灾害现场，有时会有一些专业的自发响应人员，比如医

生、护士、警察、消防员等，他们具备一定的专业技能，可以
参与救援，但他们并没有经过"第一响应人"的培训，那他
们和经过培训的"第一响应人"在能力上有什么区别呢？在
灾害环境中，"第一响应人"的组织协调以及危险意识会更
强，更加了解自身能力的局限，知道在专业救援力量到来之
前，什么可以做、什么做不了。

4. 条件要求

"第一响应人"的第四条特征是在救援条件上有要求，灾
后第一时间的救援一般是徒手救援，或利用身边的就便器材救
援，一方面，灾后现场很难会有专业或大型的救援装备，另一
方面，专业装备也需要经过专门的培训才能正确操作。因此，
"第一响应人"着重培训徒手或利用简单工具而非专业装备开
展救援的能力。

二、"第一响应人"的基本职责

（一）现场组织管理

在灾后第一时间，特别是"孤岛"的状态下，民众的自
救互救意识和组织化程度对于抢救生命、脱离险境十分关键且
意义重大。邻里之间的救援，在救援时间上最为迅速、在空间
距离上最为便捷、对居住环境最为熟悉，因而最为有效；同
时，对于配合外部救援力量有效施救也是至关重要的[1]。因此，
"第一响应人"的首要职责是进行灾后初期的现场组织管理。

一是场地管理。把灾后现场分为若干区域，包括：①危险
区，即可能发生次生灾害或其他危险，造成人员伤亡的区域，
这一区域要做好警示和封控；②搜救区，即确认有人员被困的
区域，需要开展搜救行动或提供生命支持、等待后续援救的区
域；③伤员区，即已经逃生的群众中需要处置的受伤人员或营
救出的受伤人员的临时安置区域；④装备区，即放置搜寻到的
可用于自救互救行动的各类就便器材的区域；⑤疏散区，即已

经逃生的群众的临时安置区域。现场场地的管理和区域划分的方式不唯一，需要因地制宜。

二是人员管理。"第一响应人"要把现场可以参与自救互救行动的人员组织起来，分工合作，开展人员搜救、医疗处置、信息收集、心理安抚等行动。通常情况下，现场由一人担任组长，负责现场指挥协调，其他人员可以分为信息组、搜索组、营救组、医疗组等开展行动，现场须设置安全员，负责监测可能出现的危险情况，并及时发出警示。

三是装备管理。现场第一时间的自救互救一般是徒手或利用简单工具，这就需要就地取材，寻找有用的工具，找到的工具应集中放置在装备专属区域，使用后应放回，可以按照类别分类存放。灾害现场各类资源缺乏，做好装备管理是为了发挥有限资源的最大效能。

（二）被困人员救助

无数例子和汶川地震发生后的实际情况证明，灾难和灾害发生后，最直接和有效的是民众的自救互救[1]。"第一响应人"的一项重要职责就是救助身边被困的人员，就地取材，在灾难发生的第一阶段实施营救及护理；对无法施救的被困人员，要维持生命，等待专业救援队伍。

在人员救助时，我们要遵循三项原则：一是先搜后救，先大致确定区域内有多少人员被困，被困在什么位置，解决人员定位问题；二是先救命后救人，对于生命受到威胁的受困者，比如呼吸道被阻等，要先解决受困者的呼吸问题，先保证受困者的存活；三是先易后难，先救助营救难度较小的受困者，保证在更短的时间内救助更多的受困者，解决搜救的最大成效问题，也能壮大救援的有生力量。

（三）作业安全评估

灾后现场开展自救互救的首要原则是安全第一，在保证搜救人员、被困人员和现场群众安全的前提下开展行动，因此，"第一响应人"的职责还包括灾害现场的作业安全评估。

一是救援人员的安全。地震、火灾、泥石流等灾害发生后，被困人员所在的建筑或废墟往往处于暂时的稳定状态，比较敏感易坍塌，因此，搜救人员在行动前必须事先设计好撤离路线，一旦发生次生灾害或结构二次失稳，安全员发出警示，救援人员立即撤离疏散到安全区域。安全员发出警示，可以通过口哨、高音喇叭、铜锣等工具，事先约定好撤离信号。

二是被困人员的安全。不管发生何种灾害，清洁的空气都是至关重要的。保持被困人员呼吸通畅，保证有被困人员的区域通气通风，如果空气污染，要用布或口罩堵住口鼻。如果条件允许，建议被困人员躲在一个相对稳固、封闭的空间内，免受掉落物与危险碎片伤害。

三是现场群众的安全。充分考虑疏散区的安全，根据灾害的不同情况具体问题具体分析，如果是地震灾害，可以在本区域内寻找远离危险建（构）筑物的区域作为疏散区，将现场群众临时安置在较为空旷的区域；如果是水灾、火灾、泥石流，要充分考虑本区域是否会受到灾害范围扩大的影响，转移至应急避难场所等安全区域。

延伸阅读 >>> ┈┈┈┈┈┈┈┈┈┈┈┈┈┈┈┈┈┈┈┈┈┈┈┈┈┈┈┈┈

事先制定疏散路线

2013 年，四川省汶川县映秀镇镇政府组织各村村委根据各自存在的地灾隐患点制定了逃生路线和避险地点。各村将制定好的逃生方案上报后，镇政府负责人进行实地勘察，对方案审核后方通过[2]。

案例分享 1-1

2011年3月24日，缅甸发生7.2级地震，我国云南、广西等地震感强烈，当时受过"第一响应人"培训的学员在受影响的云南地区旅游，旅行团中参加过"第一响应人"培训的7名队员立即利用所学知识安全撤离旅行团的70余人，并协助疏散当地群众到安全地带；同时通过手机将当地受影响情况上报给相关部门。

（四）灾情收集上报

应急响应对信息的时效性、准确性要求很高，没有及时、准确的信息，政府部门就无法做出符合实际、切实可行的指挥决策。因此，"第一响应人"的第四项职责是进行灾情信息的收集上报。但灾后的信息非常庞杂，如何在海量的信息中筛选出有效信息，将灾害规模、次生灾害、死伤情况、破坏情况、基础设施情况、救灾需求等关键信息梳理出来，高效处理上报非常重要，这在后面的章节中会具体阐述。

收集到的信息可以通过各种手段上报，比如电话、传真、邮件、上报软件系统、手机APP、微信、卫星电话、面对面口头上报等，可以根据通信情况和灾区实际情况决定。信息上报一般是上报到上级政府的相关部门，在灾后也可越级上报。除了上报，"第一响应人"在通信未中断的情况下，可以通过网络发布相关信息。

案例分享 1-2

汶川地震后，5月14日10时，网上突然流传起一篇题为"希望大家顶起来"的帖子，一瞬间，帖子也被发入各个QQ

群中广泛传播。该网友称，距离汶川县城往成都方向 7 km 的七盘沟村山顶特别适合空降。该帖经过近 2000 次转载后，5 月 15 日，四川省抗震救灾临时指挥中心军方指挥层电话联系了这位发帖人——茂县女孩张琪，核实情况后根据帖子信息迅速展开勘查，并最终成功空降汶川[1]，如图 1-2、图 1-3 所示。

　　有个地方特别适合空降！请救援人员速到那里。就在距离汶川县城往成都方向仅 7 公里的七盘沟村山顶。俗称大平头，是一块平坦开阔的山顶平地。最主要的是，那里地势平坦视野开阔，下山后离县城仅七公里而且有新旧两条公路直通汶川县城。那里原本是打算修建大禹祭坛的地方。很适合直升机降落。这是一条非常重要的消息，请广大网友顶起来。千万不能沉，如果可以请帮我把这条消息报上去，我用尽所有办法也只能发到这里了。谢谢，请救救我的亲人。电话 135×××××××。知道救灾前线联系方式的网友见到后请速汇报情况，请求支援！多谢！

图 1-2　张琪所发帖子原文

图 1-3　专业救援队空降汶川

（五）外界援助请求

缩短"第一响应人"的响应时间，争取外部援助的早日到来，在救灾中也至关重要。为此，"第一响应人"要结合实际需求请求外界相应的援助。比如有人员受困，需要专业救援队；有人员受伤、生病，需要医疗救护资源；天气恶劣，需要帐篷、被子、衣物等救灾物资；有危险品或化工厂，需要专家处置等。"第一响应人"的援助请求，能更好地让救灾资源与需求相匹配，避免资源浪费或救灾不及时。

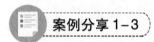
案例分享1-3

汶川地震由于地震灾害过于巨大，灾区通信、交通中断，出现了很多信息"孤岛"，使得地震初期的应急物资供应与实际需求不匹配，甚至出现了一定的混乱和无序，如都江堰方便面、饮用水、饼干等救援食品堆积如山，保管、存放都面临极大压力，而同时其他很多灾区却缺乏必要的救援物资，甚至一些生活必需品匮乏。

2013年芦山地震发生后，所有的物资安置情况均由最基层的乡镇组织协调，乡镇收集需求信息并向县政府提出援助请求，由县里安排运送。比如，需要多少帐篷、瓶装水、食品等，县指挥部按照人数和乡镇提出的需求派送。县指挥部的调用物资并不放在本县，有数百辆车的物资停在名山县待命，需要时就开进来送货。省指挥部确保交通畅通，保证物流供给，县里统筹安置，乡里提出需求，物资协调和发放工作井然有序[3]。

三、"第一响应人"的基本技能

要在灾害现场有序有效开展自救互救，可以从现场组织管理、被困人员救助、作业安全评估、灾情收集上报和外界援助请求这 5 个方面履行"第一响应人"的职能职责，而要做好这 5 个方面，就需要具备一定的能力和技能。

（一）现场处变不惊能力

灾害发生后，"第一响应人"往往在灾害受影响区域内，可能是直接或间接承受灾难的人，从一个承受灾难的人变成一个救灾人员，甚至是救灾现场的指挥协调人员，"第一响应人"必须有良好的心理承受能力和抗压能力。

灾后救援需要面对的压力很多，一是现场压力，现场工作往往混乱嘈杂，地震、泥石流、火灾等灾害人员伤亡可能性大，救援人员可能会面临血腥、惨烈的伤亡场面，现场救援环境也非常艰苦，比如汶川地震后连降大暴雨，山区多滑坡、堰塞湖；玉树地震灾害现场高寒缺氧、物资匮乏等。二是时间压力，生命救援就是和时间赛跑，快 1 s 生命存活的希望就大一些；且灾害往往是突发的，即使平时做了应急准备工作，突发的灾害事件打破正常的秩序，也会带来许多突发的状况，需要应变处置，从而带来压力。三是媒体舆论等外界的压力，灾害发生后，现场家属的高度关切带来外部压力的同时，往往会有很多媒体、志愿者在专业救援力量到达之前涌入灾区，重大突发事件后的医院、救援现场、伤亡人员家属所在区域等这些地方常常会引起媒体的关注，大量媒体的高度聚焦会给受灾群众和灾区带来困扰和压力。志愿服务也需要规范引导，灾害发生后，周边的大量志愿者向灾区集结，但部分志愿者专业技能不足、救援效率不高，分布不均、流动过频，给救援开展带来不便。

（二）人员组织协调能力

现场的组织管理最根本的是要把人员组织协调好，各司其职、有序行动。组织能力即将系统性和整体性的事情安排到分

15

散的人或事物的能力；协调能力即把分散的人或事物之间的关系配合得当的能力。做好人员的组织协调，一要合理、妥善地进行组织分工，正确地分解工作目标，让现有的人员各尽其职、其力，认真负责，充分调动大家的工作积极性和创造性；二要把可控范围内的人力、物力、财力统筹安排、实施合理有效的组合，使之发挥出最大效能；三要做到准确及时地进行信息沟通，一方面保证指令与信息的上传下达，另一方面能够准确做好工作参与者之间的协调工作，达到团结共事、协同动作的目的[4]。

灾害现场涉及的人员和部门众多，民众的组织化程度对于救援开展意义重大，邻里之间的救援，在救援时间上最为迅速、在空间距离上最为便捷、对居住环境最为熟悉。专业力量到达之前，是"第一响应人"发挥主要作用的阶段，要积极做好人员分工，开展灾情报送、险情排查、抢险救援、后勤保障等各项事宜。在专业力量到达之后，"第一响应人"要继续发挥自身熟悉和了解当地地形地貌和具体灾情的优势，配合协同专业救援力量有效开展行动。在芦山地震救援中，当地经过培训的"第一响应人"就积极配合专业救援队伍开展工作，在协助空中物资运送和现场工程救援行动中发挥了重要作用。

（三）灾情收集评估能力

灾情信息的收集上报，需要具备基本的灾情收集、甄别、评估和上报技能。灾情信息主要包括两大类：一是基本灾情信息，比如灾害基本情况、人员伤亡情况、建筑物和基础设施破坏情况、次生灾害危险等；二是救灾需求信息，"第一响应人"要请求外界援助时，要让外界援助与灾区需求相匹配，就需要这类信息，比如灾区现有的可利用资源、哪里需要人员救助、需要搜救队伍还是医疗队伍、需要什么类型的物资等。"第一响应人"由于第一时间在第一现场，因而能够更快、更准地掌握第一手信息。

为了全面掌握灾情，做出合理决策，使救灾效果最大化，就要开展快速、准确、全面的灾情评估，首先是识别信息需求，然后收集数据、分析解译数据，最后上报结果。这一部分内容将在本书后面的章节中详细讲解。

（四）灾害危险识别能力

要开展作业安全评估，就要具备识别灾害现场潜在危险的能力。灾害危险包括两个方面，一是灾区大环境可能存在的风险，比如火灾、水灾、滑坡等次生灾害，余震、建（构）筑物二次失稳、高空掉落物，粉尘、噪声或是辖区内的危险品、毒气等带来的潜在危险。二是家庭或办公室等小范围的室内空间可能存在的风险，最常见的是固定装置的隐患，比如地震、水或者风有可能导致热水器和灶具移位，进而导致天然气管道破裂；掉落的书本、杯盘或橱柜中的其他物品有可能对人体造成伤害；移位的电器或办公室设备有可能导致人体触电，或对人体产生其他伤害；接线错误、插座超负荷或电线破损，均可能导致火灾。

由于熟悉区域状况，"第一响应人"在危险识别方面有得天独厚的优势，在日常就可以熟悉了解一些辖区内的风险隐患，比如了解区内的煤气站、储油罐、危化品企业、发电站、水库及其分布；了解辖区内的电厂、重大工程、生命线工程的位置和分布；了解辖区内重点目标（学校、医院的分布位置和数量等）。

（五）简单搜索救援能力

要在灾害现场开展被困人员救助，对伤员进行初步处置，简单的搜索救援能力是"第一响应人"最重要的一项技能，包括搜索技能，搬运、移除、支护、顶升等营救技能，检伤分类、包扎止血等医疗急救技能。这一部分内容将在本书后面的章节中详细阐述。

第三节 "第一响应人"在救灾中的作用与意义

由于地震灾害是较复杂的综合型灾害，除了造成建（构）筑物倒塌，致使大量人员伤亡，还会引发滑坡、泥石流、火灾、堰塞湖等各类次生灾害，因而地震灾害的应对具有较强代表性和参考性。本节阐述主要以大震巨灾为背景。

一、快速有效响应，提高生命救活率

（一）快速有效响应

地震灾害发生后，被困人员的存活率是有一定规律的。按照联合国统计的国际地震存活率，有两个非常重要的时间节点，一个是震后 24 h，被困人员的存活率会从 81% 大大降低至 48 h 的 36.7%，另一个是震后 72 h，也就是我们经常提到的黄金救援时间，这个节点之后的存活率从 33.7% 大幅下降。汶川地震最终统计的地震存活率也大致符合这个规律，如图 1-4 所示。

由此，对于拯救生命来说，震后 24 h 内救援效率最高，而震后 24~72 h 救援效率较高，震后 72 h 之后，救援效率大大降低。那各类救援队伍达到灾区需要多长时间呢？我们以汶川地震为例，救援力量到达灾区的时序如图 1-5 所示。

由此可见，自救互救力量，也就是"第一响应人"能够最快到达灾区，在救援的高效期开展行动。

（二）提高生命救活率

那自救互救在整个救灾中的效果如何呢？仍以汶川地震为例，图 1-6 是各类救援力量在救灾中的生命救援成果。

可以看出，超过 80% 的幸存者是通过自救互救而存活的，

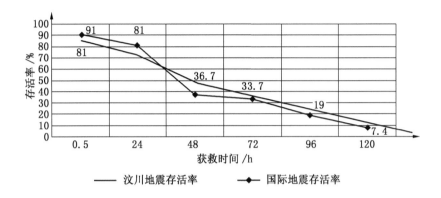

图 1-4 震后存活率趋势图

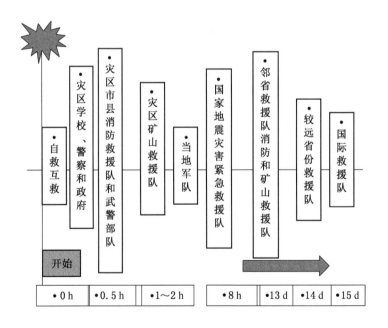

图 1-5 汶川地震后救援力量到达灾区时序图

而专业救援力量更多的是解决了深层埋压人员的救助，联合国对于各类救援力量的救援能力总结如图1-7所示。

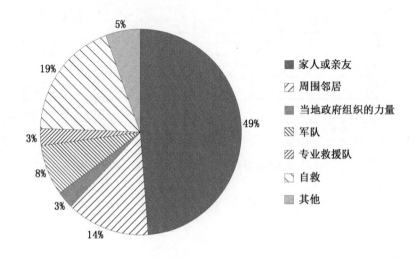

图1-6 各类救援力量救出幸存者占比[5]

图例：
- ■ 家人或亲友
- ▨ 周围邻居
- ▨ 当地政府组织的力量
- ▨ 军队
- ▨ 专业救援队
- □ 自救
- ▨ 其他

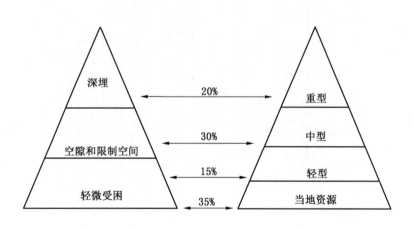

图1-7 各类救援力量救援能力[6]

因此，对于当地资源也就是"第一响应人"的技能培训能够大大提升灾后生命的救活率。

据统计，在大震巨灾后，大约 50% 的受灾人员因头部或躯干受伤、内部或外部大出血立即死亡；有 30%～40% 的受灾人员因为未及时得到救助，因窒息、失温、失血性休克等原因而死亡；有 10%～20% 的受灾人员则因为更长时间的埋压或受困，因挤压综合征或其他次生灾害而死亡。而培训"第一响应人"的自救互救技能，能够大大提升除了立即死亡的其他受灾人员的生命救活率。

二、有效汇总信息，满足紧急救灾需求

灾后应急处置和紧急救援需要大量信息，而信息主要包括两大类：一类是数据库信息，比如历史灾害情况，灾害的地点、级别等基本要素，灾区的人口分布信息等，这些信息政府可以通过相关部门快速收集；另一类是灾情的具体信息，比如灾区伤亡情况、哪里受灾最严重、有哪些次生灾害风险、需要什么救援力量或资源等，这些信息政府可以主动收集，同时也是"第一响应人"能够最快掌握的信息，"第一响应人"在有效收集汇总这些信息方面具备先天优势。

汶川地震发生后，在救援初期，大量救援力量集结在都江堰，准备打通通往映秀的道路，挺进汶川，但地震的震中虽然在映秀，地震造成的地表破裂却从映秀镇开始，向东北经小鱼洞、汉旺、北川、南坝、青川绵延 320 km[7]，除了汶川之外，北川、青川受灾非常严重，随着北川的受灾群众徒步将受灾信息传递出来，救援力量才赶赴其他极重灾区。

在 2013 年岷县漳县 6.6 级地震应急响应中，信息的有效汇总大大提升了救灾效率。当时甘肃省在全省推广"双联工作机制"，严格落实民情日记制度和亮牌公示制度，使各级干部可以很快地了解、掌握灾情。通过手机短信平台实现指挥部与一线响应人员的直接联系，减少中间环节，在震后 12 h 基本摸清了受伤人员和失踪人员的分布情况，并随之火速开展搜救被埋人员、转运伤员、组织避险转移等工作，因此震后当地

政府组织开展的自救互救行动非常及时有效[8]。

"第一响应人"在信息的收集汇总中有先天优势，能够为应急期的科学决策以及后期恢复重建提供重要依据。

三、储备专业技能，提高基层处置灾害综合能力

预防突发事件的关键一环在基层，处置突发事件的第一现场在基层。在灾后最初阶段，灾区基层灾害应对能力的高低直接影响着突发事件处置效果。而"第一响应人"培训旨在提升地方基层的应急响应综合能力。现场处置、人员组织、危险识别、搜索救援、信息收集与评估等技能的学习，在交通事故、火灾、地质灾害、地震、洪灾等各类灾害应对中都能用到。

 案例分享1-4

一名在四川省什邡市应急管理局综合减灾和灾害救援股工作的"第一响应人"学员提到，通过培训能够掌握第一时间自救互救技能，第一时间做出判断，对减少伤亡很有帮助。

玉树地震后，他很快到达现场，利用周围就便器材搭建生命通道救出一名幸存者。而在他的日常工作即事故处置中，培训所学的现场管理知识在一次处置液氨泄漏救援事件中得到成功运用，给了他很大帮助。

 案例分享1-5 映秀自救互救民兵队伍[2]

映秀作为2008年汶川地震极重灾区，之后又饱受泥石流灾害的侵扰，2010年8月14日、2013年7月10日发生两次特大山洪泥石流。

为有效应对灾害，映秀镇从基层自救互救能力抓起，以镇党委、政府武装部组织指挥的8个民兵连共80人组成抢险救

灾队，民兵一般由各村 18～35 岁的男性村民自愿报名组成，平时定期接受政府组织的培训，提高自救互救技能。

在 2013 年 7 月 10 日特大泥石流发生后，张家坪村的 10 名队员担负起转移村民的重任，在机械设备无法参与救援的情况下，队员挨家挨户排查村民，并用肩背或抬的方式将老弱病残或因灾受伤的村民转移至安全地点。待村民被安全转移后，又联合本村 30 名青年志愿者担负起了保障村民房屋、财产安全和清理淤泥的职责。整个灾害响应过程中无一人伤亡。由此可以看出，技能的储备非常重要。

第二章　灾害形势评估

灾情是救灾工作的基础，也是政府救灾决策的重要参考依据。灾害形势评估工作的时效性直接影响救援效果。形势评估工作是"第一响应人"抵达灾害现场后的首要行动，也是"第一响应人"在灾害现场开展救灾活动的重要任务之一。

本章主要介绍灾害形势评估的概念，以及开展形势评估的重要性，重点论述了形势评估的内容以及如何开展形势评估工作。通过本章的学习，可以帮助读者了解形势评估的重要性，理解形势评估的定义、掌握形势评估的要素，懂得如何开展形势评估。本章以实用性、可操作性相结合为指导思想，结合案例分析，以通俗易懂的文字论述"第一响应人"如何开展形式评估工作。

第一节　什么是灾害形势评估

一、灾害形势评估的定义

灾害形势评估是指在灾害发生后，全面动态地收集、整理、分析、上报灾害相关信息并能快速做出合理决策的过程。形势评估不仅仅是灾情的收集，还包括对收集到的灾情进行简要的整理和分析，结合当地的实际情况，进行灾情上报，同时根据已经掌握的信息，做出合理的救灾决策。

开展形势评估要遵循快速、准确、全面三个原则。

快速是从速度的角度对形势评估提出的要求，火灾、地震、洪水、滑坡、泥石流等突发性灾害，快速开展形势评估可有效降低灾害损失，减少人员伤亡。例如应对火灾，最好的方式就是将火灾消灭在初起阶段，火灾的发展有 4 个阶段，即初起阶段、发展阶段、猛烈燃烧阶段、熄灭阶段。在初起阶段，可燃物刚刚被火源、热源引燃，开始升温、冒烟、产生火光等。最佳的灭火时机就是初起阶段，"第一响应人"若具备一定的灭火知识，做到"秒级响应"，就可将火灾消灭在初起阶段。

准确性是从内容的角度对形势评估提出的要求，"第一响应人"在收集灾情的过程中要细心、认真，落实灾情后再上报，不乱报、误报、谎报灾情。随着时间的推移，灾情也会发生变化，因此在上报灾情的过程中，一定要注明上报的时间，确保在这个时间段内上报的灾情信息是准确的。同时对形势评估做出准确判断，采取合理的、有效的措施，避免灾情的蔓延。例如山洪灾害，在山洪、泥石流暴发前会有各种预兆，如在降雨达到最大时，上游的降水激增，泥沙量显著，溪沟出现异常洪水。在流水突然增大时，溪沟内发出明显不同于机车、风雨、雷电、爆破的声音，可能是泥石流携带的巨石撞击产生。在这些情况发生时，"第一响应人"一方面要准确上报灾情信息，另一方面要进行合理的应急处置工作，比如向周边的群众发出警报，及时疏散和撤离等。

全面性也是从内容的角度对形势评估提出的要求，形势评估内容不仅仅包括灾害基本情况、人员伤亡、建筑物破坏、生命线破坏、次生灾害等破坏情况，还应包括救灾面临的困难、救援力量需求、灾区的一些特殊情况等。如高海拔地区存在高原反应问题、少数民族地区救援需要当地翻译和向导、救灾物资的一些特殊需求等。全面性原则要求"第一响应人"在灾区的某个范围内，收集灾情、上报灾情尽可能全面，不漏掉任何一处，尤其是救援需求和困难。

二、开展形势评估的必要性

灾情信息是救灾工作的重要决策依据，直接关系到自然灾害应急处置、救援救助、恢复重建等各项工作开展。科学准确、及时快速地上报灾情信息，有利于政府部门掌握灾情动态和发展趋势，采取积极有效的措施，最大限度地减少灾害损失，保护人民群众的生命和财产安全。形势评估工作是"第一响应人"在灾害现场开展救灾活动的主要任务。形势评估工作是否及时开展，其时效性直接影响救援效果。本节从法律条文、救灾需求的角度阐述形势评估的必要性和重要性。

（一）法律条文

《突发事件应对法》第三十八条、第三十九条规定获悉突发事件信息的公民、法人或者其他组织，应立即向所在地人民政府、有关主管部门或指定的专业机构报告。地方各级人民政府应当按照国家有关规定向上级人民政府报送突发事件信息。县级以上人民政府有关主管部门应当向本级人民政府相关部门通报突发事件信息。专业机构、监测网点和信息报告员应当及时向所在地人民政府及其有关主管部门报告突发事件信息。有关单位和人员报送、报告突发事件信息，应当做到及时、客观、真实，不得迟报、谎报、瞒报、漏报。

《防震减灾法》第五十二条：地震灾区的县级以上地方人民政府应当及时将地震震情和灾情等信息向上一级人民政府报告，必要时可以越级上报，不得迟报、谎报、瞒报。

《中华人民共和国防汛条例》第二十七条：在汛期，河道、水库、水电站、闸坝等水工程管理单位必须按照规定对水工程进行巡查，发现险情，必须立即采取抢护措施，并及时向防汛指挥部和上级主管部门报告。其他任何单位和个人发现水工程设施出现险情，应当立即向防汛指挥部和水工程管理单位报告。

（二）救灾需求

形势评估是救灾的基础，政府的一切救灾行动和救灾决策完全依赖对灾情的掌握程度，如果全面了解灾情，掌握灾害的分布点，那么政府的救灾决策、队伍派遣、救灾物资投送就会精准有效，救灾效果好；如果对灾情掌握不清楚，救灾决策可能会有一定的偏差，救援行动和救灾效果也会受到影响。在救灾初期，"第一响应人"是灾情信息传递的使者，快速、全面地掌握灾情、上报灾情，既有助于灾后初期的自救互救，也能帮助决策者做出合理的救灾决策。

案例分享2-1　美国飓风案例分析

　　科学合理的灾害形势评估及准确的救灾决策是降低灾害损失的重要途径，2005年8月和9月，美国分别发生两次飓风，前后形成了鲜明的对比结果。

　　2005年8月，飓风"卡特里娜"袭击了美国新奥尔良市和墨西哥湾沿海地区，给美国带来了灾难性的影响，造成1209人死亡，财产损失达到344亿美元，如图2-1所示。造成灾害损失大的主要原因有三个：一是飓风"卡特里娜"强度大，十分罕见；二是新奥尔良市低洼的地理条件特殊，"卡特里娜"带来的巨浪和洪水冲毁防洪堤，导致了灾难的发生；

图2-1　"卡特里娜"飓风后新奥尔良市一片汪洋

三是人为因素的影响。虽然美国国家大气海洋局对此次飓风的预报比较成功,也发布了飓风预警信号,但预警信号发布后,政府对人们采取何种应对措施不存在强制性。由于新奥尔良市多数被困居民属于穷人,没有交通工具,所以几乎没有能力撤离。加之部分人对飓风预警抱有侥幸心理,在提前两天得到通知的情况下也未撤离。政府也没有强制把这些人转移出城。另外,灾难发生后,救灾行动迟缓,也是这次灾害扩大的一个因素。这次失败的救灾经验暴露出了政府灾害形势评估不足及救灾行动迟缓等问题[9]。

同年9月"丽塔"飓风登陆美国。"丽塔"飓风是大西洋有记录以来第四大飓风。政府这次吸取"卡特里娜"飓风的惨痛教训,准确估计灾害形势,在飓风登陆之前,得克萨斯州沿海城镇居民在接到政府撤离令后大多不再存侥幸心理,纷纷收拾家当撤往内陆地区。通往休斯敦的几条交通干道21日全天一直被各种从沿海撤离的大小车辆堵得水泄不通,如图2-2所示。在加尔维斯顿这座原有近6万人口的岛上,21日傍晚已见不到多少人。除了几家加油站仍在为最后准备撤离的人加油外,几乎所有商店都已关门,门窗上都钉上了防风木板,对于没有交通工具的当地居民,也在当地政府的帮助下乘坐大轿车提前撤离。因采取合理应对措施,"丽塔"飓风造成的人员

图2-2 "丽塔"飓风来临前有序撤离

伤亡和经济损失远小于"卡特丽娜"飓风[10]。

 案例分享2-2　湖南省湘西州古丈县洪灾案例分析[11]

2016 年 7 月 17 日，湖南省湘西州古丈县发生特大山洪，8 时起，境内普降大到暴雨，11 时左右，默戎镇龙鼻村村主任在值班巡查时发现龙鼻村排几娄自然寨后山冒水，立即组织村组干部采取敲铜锣、吹口哨等方式进行预警，并组织村组党员干部、广大民兵和青壮年挨家挨户进行搜索，迅速按照应急预案有序组织村民全员撤离。12 时 05 分，巨大山体滑坡伴随着山洪泥石流倾泻而下，龙鼻村排几娄自然寨的 5 栋 14 间房屋瞬间被摧毁。30 min 内，古丈县默戎镇龙鼻村上演了"生死时速"般的生命转移，全村 500 余人全部有序转移至预定的安全地带，无一伤亡。

这个案例充分说明了形势评估的重要性。在洪水来临之前，值班员发现险情，开展合理的灾害形势评估，并快速做出判断，以敲铜锣、吹口哨等方式进行预警，组织村民全员撤离。由于值班员对形势进行了评估，做出了准确判断，并采取及时的救灾措施挽救了大家的生命。

第二节　灾害形势评估的内容

一、开展形势评估的时间

（一）地震灾害形势评估时间分析

1. 地震救灾时序分析

地震是突发性自然灾害，形势评估工作是从地震发生后开始的。地震发生后第一时间开展救援工作的是当地居民，自救互救是震后短时间内最有效的救援方式，其次是"第一响应人"的救援行动、当地及周边消防、武警及军队，最后到达灾区开展救援工作的是国内较远地区救援力量或者国际救援队，如图 2 - 3 所示。

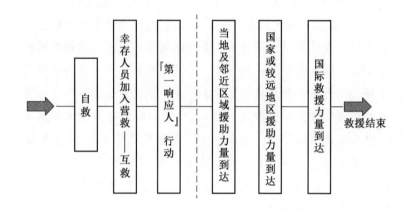

图 2 - 3　灾害救援时序图

自救互救及"第一响应人"的救援行动，在地震发生后的几个小时内救灾效能最高，且救出的人数最多。1966 年邢台 7.2 级地震时，有 20 余万人被埋压在废墟中，震后 20 min，有近 6 万人从废墟中挣脱出来，通过自救与互救，震后最初的 3 h 内，被埋压的灾民几乎全部脱险[12]。汶川 8.0 级地震中，救出总人数约 8.7 万人，其中自救互救约 7 万人，军队救出约 1 万人，专业救援队救出约 7439 人[13]；1995 年日本阪神 7.3 级地震救援统计结果显示，在 3.5 万获救人员中共有 2.7 万人为近邻救出[14]。上述震例均表明震后短时间内的自救互救及"第一响应人"的救援活动是最有效、救出人数最多、救灾效能最高的救援方式。

2. 地震救援形势评估时间分析

形势评估是个动态过程，玉树地震应急响应启动及救援过程鲜明地体现了动态的形势评估。2010 年 4 月 14 日 7 时 49

分，青海省玉树州玉树县发生 7.1 级地震。截至 4 月 14 日 9时 10 分，玉树县城、结古镇震感强烈，地震造成了一定数量的房屋倒塌、电话中断，中国地震局初步判定，此次地震灾害估计较严重，根据《国家地震应急预案》，启动Ⅱ级应急响应。截至 14 日 12 时，地震造成 67 人死亡，百余人受伤，大量房屋倒塌。根据上述情况，中国地震局将地震应急响应级别升级为Ⅰ级，立即进入Ⅰ级地震应急响应状态。国家减灾委、民政部于 14 日 8 时 30 分紧急启动国家Ⅳ级救灾应急响应，并根据灾情发展于 12 时将响应等级提升至Ⅰ级。

从以上地震案例分析中可以看出，形势评估工作是个动态过程，地震发生初期，结合仅有的灾情和对灾情的预评估，研判灾情大小，启动应急响应级别。随着灾情逐渐明了，人员伤亡数量增多，中国地震局做出升级应急响应级别的决定。同时也可以看出形势评估工作越早开始越能有效发挥作用。在震后救援工作中，时间就是生命，形势评估工作需要与时间赛跑，及时、全面地上报灾情信息，能挽救更多人的生命。如果在震后更短时间内就掌握了灾区的基本情况，立即启动Ⅰ级响应，救灾决策会更加及时和准确，这也反映出形势评估的重要性和急迫性。

（二）洪灾救援形势评估时间分析

洪灾是暴雨、急剧融冰化雪、风暴潮等自然因素引起的江河湖泊水量迅速增加，或者水位迅猛上涨的一种自然现象。洪灾的发生有一定的过程，洪灾前开展形势评估并动态关注事态发展做出合理救灾决策，可有效避免洪灾造成的人员伤亡。四川省绵阳市安县高川乡应对 50 年一遇的特大暴雨袭击事件就是很好的案例[15]。

2012 年 8 月 17 日晚至 18 日凌晨，四川省绵阳市安县高川乡遭受了 50 年一遇的特大暴雨袭击。8 月 16 日 16 时，高川乡接到县上强降雨天气预报后，立即通过高川乡政府短信平台，发布强降雨气象灾害预警信息："降雨、雷暴、地质灾害。加强值班、巡查、监测预警工作。"8月17日下午，高川乡政府安排部署了防灾避险工作。21时10分，短短50 min降雨量已达70 mm。"雨量异常大，有异常情况要及时转移人员！"乡工作人员一方面与各危险区监测负责人和监测员保持通话联系，另一方面将情况上报给县级有关部门。

17日21时到22时，乡政府立即启动地质灾害应急预案，全乡干部分7个工作组迅速赶赴各灾害点，让村民按照预定的疏散线路立即撤离。灾害发生时，综合协调、抢险救灾、转移安置、物资保障、医疗防疫、治安保卫等7个工作组立即投入应急抢险救灾，由于气象灾害预警及时准确、应急行动迅速、转移群众措施得力，4500人成功避险[15]。

洪灾案例分析表明，在洪灾发生前，及时、科学的形势评估，有效的救援措施，可避免灾害造成的人员伤亡。因此洪灾以预防为主，形势评估主要是在灾前开展。

二、形势评估的内容

形势评估的内容主要包括以下9个方面，见表2-1。

（1）灾害基本情况：灾害类型、发生的时间、地点、影响范围等。

（2）人员伤亡：灾害造成的死亡、重伤和轻伤人数，大量人员埋压场所，失去住所人口等。

（3）建筑物破坏：建筑物功能、结构类型、破坏程度、破坏比例等。

（4）生命线破坏：通信、交通、电力、供水、供气、水利工程等破坏情况。

（5）农林牧渔业破坏：灾害造成的农林牧渔业破坏比例、破坏面积。

（6）次生灾害：灾害引起的次生水灾、火灾、滑坡、泥石流、毒气泄漏、爆炸等危险情况。

除了对现有灾情的收集，形势评估应重点关注以下内容：

（7）现有资源与能力：灾区现有的人员、装备、物资、医疗资源、避难场所等，已采取措施，后续支援及救灾建议。

（8）困难与需求：灾区面临的最大困难，对救援队伍和装备、救灾物资（生活、医疗等的需求）、灾民紧急转移安置需求等。

（9）其他说明：比如夜间、天气和季节、高原反应、民族习俗、民众恐慌等。例如"4·14"玉树地震需要考虑高原反应、藏民习俗、语言交流、夜间寒冷等问题。

表2-1 形势评估表

调查人		联系电话	
调查地点		GPS 坐标	N ____ E ____
调查时间	____年____月____日____时____分至____时____分		
灾害基本情况	发生时间	□白天 □夜间 □工作日 □假期 其他说明____	
	发生地点	□平原 □山区 □城市 □农村 其他说明____	
	灾害时长	□8 h □24 h □48 h □72 h □一周以上	
	危险与发展态势		
人员伤亡	原有 ____人 死亡 ____人 重伤 ____人		
	轻伤 ____人 失踪 ____人 埋压 ____人		
	已确认幸存 ____人 其他说明_____		
建筑物破坏	原有建筑物	住宅____栋 学校____所 医院____个 办公楼____栋 其他____	
	结构类型	□砖混结构 □钢筋混凝土结构 □钢结构 □木结构 □土石结构 □其他____	
	破坏比例	部分倒塌____% 完全倒塌____%	
	大量人员埋压场所	（如有可能埋压大量人员的场所，请说明场所位置等具体情况）	

表2-1（续）

生命线破坏	交通	☐车辆可通行 ☐车辆难通行 ☐步行	电力	☐通 ☐断	通信	☐通 ☐断	供水	☐通 ☐断	供气	☐通 ☐断	水利工程	☐安全 ☐危险
农林牧渔破坏	农业	破坏＿＿亩 破坏＿＿%	林业	破坏＿＿亩 破坏＿＿%		牧业	破坏＿＿亩 破坏＿＿%		渔业	破坏＿＿亩 破坏＿＿%		
次生灾害危险	☐滑坡　☐泥石流　☐崩塌　　☐爆炸　☐有毒有害物质泄漏 ☐决堤　☐溃坝　☐群体事件　☐其他＿＿＿											
现有资源与能力	救援队伍	☐专业队伍　☐医疗队伍　☐志愿者队伍　☐其他＿＿＿										
	救援装备	☐专业装备　☐非专业装备										
	救灾物资	☐帐篷　☐食物　☐水　☐药品　☐排水设备　☐沙袋 ☐其他＿＿＿										
	救灾设施	☐医院　☐避难所　☐其他＿＿＿										
困难与需求	困难											
	需求	☐救援队伍＿＿＿　　☐帐篷＿＿＿　　☐食品＿＿＿　☐水＿＿＿ ☐装备＿＿＿　　☐药品＿＿＿　　☐其他＿＿＿										
其他说明	（如有其他情况，请说明）											

第三节　如何开展灾害形势评估

开展灾害形势评估主要包括灾害信息收集、信息的分析处理与上报三步，如图2-4所示。

一、信息获取方式

在突发灾害事件后，"第一响应人"第一时间到达现场，根据周边已有条件，开展形势评估工作，利用简单工具、设备等获取灾情信息。信息获取的途径多种多样，可通过自己的观察、咨询他人、向相关部门了解，也可依据自己平时的知识和

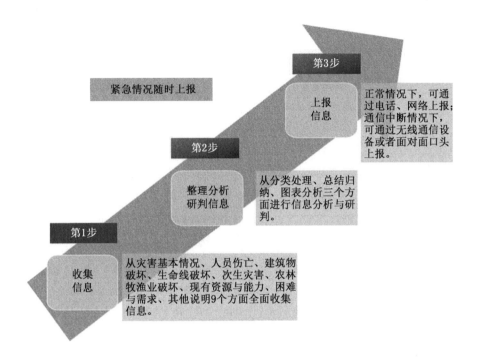

图2-4 形势评估的步骤

经验积累。首先通过自己的观察了解灾情信息。例如前面提到的案例，湖南省湘西州古丈县特大山洪，值班巡查员及时发现后山冒水，立即组织村组干部采取敲铜锣、吹口哨等方式进行预警。其次进行现场调查，通过向周边的人询问，了解灾情信息。尤其是针对倒塌建筑物，或者废墟等，在个人观察难以获得明确信息的情况下，向周边的人咨询是最便捷、最高效的灾情获取方式。还可向相关部门了解情况，帮助研判灾情。在四川省绵阳市安县高川乡遭遇50年一遇的特大暴雨救援案例中，高川乡持续关注气象信息，获取降雨量信息，当50 min降雨量达70 mm，雨量异常突出且还在持续降雨时，乡政府立即启动地质灾害应急预案，全乡干部分7个工作组迅速赶赴各灾害点，组织村民按照预定的疏散线路立即撤离。在突发事件中，

"第一响应人"往往可以在第一时间进行现场疏导、伤员急救、收集信息等工作，避免和减少不必要的伤亡。他们可能会比事后赶到的专业救援人员发挥更大的作用。

二、灾害信息的处理

灾害信息的处理是对收集到的信息进行简单的分类、汇总，以图表的形式展示更直观、更有说服力。

灾情信息的分类处理，可按照形势评估提供的类别进行分类，比如所有的建筑受损信息归为一类，人员伤亡信息、生命线工程破坏信息、次生灾害信息等各归为一类。将每一类中所有的灾害信息进行归纳总结，比如人员伤亡信息，将周边不同片区的人员伤亡数量进行汇总，得到总的人员伤亡信息，依此类推，建筑破坏信息、生命线工程破坏信息、次生灾害信息等都可以按照同样的方式进行汇总，也可按照区域汇总，如图2-5所示。

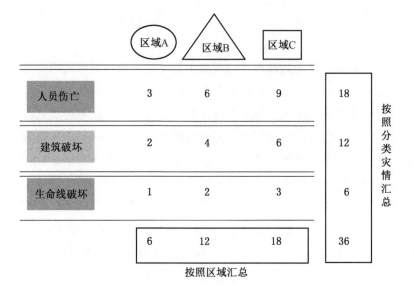

图2-5 灾情的分类与汇总

36

　　以图表的形式展示灾情信息，是最直观的一种灾情展示方式。将不同的信息整理成图表，可以是规范的地图标绘，也可以是手工草图、表格等。例如地震烈度分布图（图2－6）就是以图的形式展示灾区范围和灾情空间分布。烈度图用不同颜色区分受灾严重程度，颜色越深，灾情越重；用平滑的曲线范围表示灾区的范围。

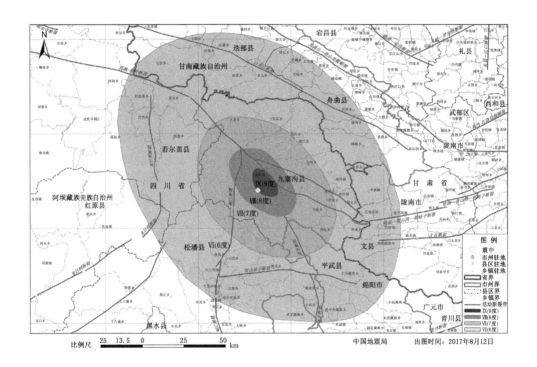

图2－6　四川九寨沟7.0级地震烈度图

　　"第一响应人"绘制草图可结合身边的工具和条件，以简单易懂为原则，勾画区域草图。草图包含图名、图例、比例尺、指北针等基本构图要素。如果"第一响应人"是社区、学校、企业、单位等人员，在较小的范围内开展形势评估工作，主要是信息的收集与上报，绘图可参考图2－7左下角的样图。如果"第一响应人"是街道、乡村等工作人员，在较大的范围内开展形势评估工作，主要侧重信息的汇总与判断，绘图可参考图 2-7 右下角的样图。即在原有基础地图的基础上，以不同颜色便签区分灾情大小，标注在原始底图上。

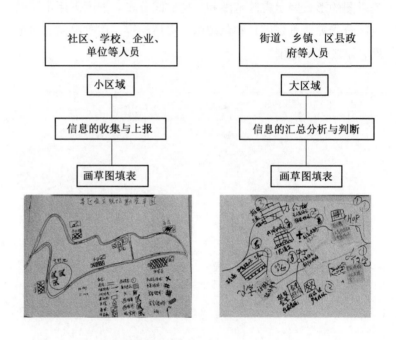

图 2-7 "第一响应人"绘制草图样本

三、灾害信息上报方式

灾害信息上报有多种途径，包括：①电话、传真；②邮件、上报软件系统；③手机 APP、微信群、QQ 群；④卫星电话（特殊情况）；⑤面对面口头上报（特殊情况下）。

在通信正常的情况下，灾害信息可通过电话、传真、邮件、上报软件系统、手机 APP、微信群、QQ 群等上报。在通信非正常的情况下，灾害信息可通过卫星电话、面对面口头上报等最原始的方式上报。

文字信息报送是最常用的一种报送方式，文字信息报送要确保信息要素完整、格式统一、表述清楚、文字精练或基本情况叙述清晰。信息内容包含灾害基本情况、人员伤亡、建筑物破坏、生命线破坏、次生灾害、现有资源与能力、困难与需求、其他说明等，以便政府领导及时采取应对措施，妥善处置。在紧急情况下，通过电话汇报灾情是快速、高效的一种灾情上报方式，口头上报灾情需要抓住重点，简明扼要。在通信完全中断，其他渠道和手段都不能上报的情况下，通过面对面口头上报灾情是最原始也是最无奈的一种灾情上报方式。唐山地震灾情就是以这种方式上报给党中央的。唐山地震后，市区一片瓦砾，一切通信中断，几名开滦煤矿职工驾驶一辆红色救护车冲出废墟直奔北京，向党中央及时报告了唐山大地震震中的确切消息。信息上报注意事项：首先要提高信息报送的时效性，认真分析、核定各类信息的来源，快速核实后上报，注意突出重点、灾情险情的说服力、危险级别和信息空白区等。

第三章 灾害救援现场
危险识别与应急处置

本章主要阐述灾害救援现场存在的各种危险，以及如何识别这些危险，在救援现场有哪些该做和不该做的行为，并分析如何规避和减轻现场危险，制订必要的现场管理计划和控制措施，以确保"第一响应人"在保障自身安全的情况下开展救援行动。

第一节 初识灾害现场

一、灾害现场分类

随着我国城镇化水平不断提高，人们聚居的城镇环境越来越复杂，各类灾害事故对生命财产的威胁也在同步增加。提到灾害现场，你会想到哪些情景呢？描述灾害现场的词汇有哪些？

常见灾害现场照片如图 3-1 所示，灾害现场的环境是复杂的、混乱的、令人陌生而惊恐的：山崩地裂、山河破碎、墙倾楫摧、断墙残垣、树倒桥塌、洪水湍急、火光冲天、一片狼藉、人员埋压……

参照国务院《国家突发公共事件总体应急预案》，我们主要对自然灾害、事故灾难两类灾害现场进行分析。

（1）自然灾害类主要包括水涝灾害、气象灾害、地震灾害、地质灾害、海洋灾害和森林草原火灾等。水涝灾害主要出现在夏季汛期，堤防发生决口、水库发生垮坝形成洪水，淹没

(a) 2008年中国汶川8.0级地震造成　　(b) 2016年日本熊本7.3级地震引发
　　大量房屋倒塌、道路毁损　　　　　　多处滑坡泥石流灾害

图 3-1　常见灾害现场照片

房屋村庄；气象灾害则包括台风、暴雨、冰雹、龙卷风、大雪、沙尘暴等，对房屋建筑和基础设施造成破坏；地震灾害往往突发且影响范围巨大，灾害现场呈大范围的面状分布；地质灾害则常呈点状分布，包括山体崩塌、滑坡、泥石流、地面塌陷、地裂缝等，空间影响范围较小；海洋灾害主要发生在我国东部沿海地区，包括风暴潮、巨浪等，对渔业和房屋建筑造成破坏；森林草原火灾一方面会直接对建筑房屋造成毁坏，另一方面其产生的大量烟雾也会造成空气环境污染。

（2）事故灾难类主要包括工矿商贸等企业的各类安全事故、交通运输事故、公共设施和设备事故、城市火灾等。这类灾害往往直接发生在人口密集的城镇居住区域，对生命财产造成的损失往往更直接。

识别不同种类的灾害在各类基础设施、不同建筑类型的建筑物中可能造成的典型危险，并了解如何对其做出应急处置，保障人身安全，对于"第一响应人"灾后初期开展行动至关重要。

二、灾害现场的特点

复杂性和危险性是灾害现场最大的特点。灾害事故破坏了我们熟悉的居住环境，是一种非常态情景状态，其中往往充满各种看得见的危险以及更多看不见的危险隐患，错综复杂、混乱无序。比如建筑物大量倒塌形成废墟，公路、桥梁等基础设施毁坏，通信、电力、供水等公用设施中断。除了灾害过后造成复杂混乱的环境外，惊恐未定或悲伤焦躁的受灾人群也更加难以组织，压力重重，甚至正常的政府公共管理体系被破坏，缺乏统一管理，态势复杂，危险重重。

作为身处灾害现场的应急救援"第一响应人"，在灾害发生后准备组织灾区人民群众开展第一时间的自救互救时，必须首先了解掌握灾害现场的特点，按照科学规范的现场救援流程，才能安全、快速、有序地实施应急救援行动。

三、灾害现场救援程序

（一）灾害现场专业救援程序

地震、滑坡、台风等灾害造成的伤亡情景通常由建（构）筑物的倒塌损毁引起。对于复杂的城市建（构）筑物废墟救援行动，完整专业的灾害现场救援程序一般包括以下 6 个阶段，如图 3-2 所示。

（1）现场勘查：通过目视观察、问询现场民众等方式收集有关受害者、危险和损失的信息，确定开展救援处置所需的资源，根据勘查信息制订行动计划。

（2）切断公共设施：强烈灾害难免会损坏电路、燃气等公共设施，为避免开展废墟救援时发生漏电、冒水、燃气泄漏等造成次生灾害危险，应在救援前先切断倒塌废墟的电力、供

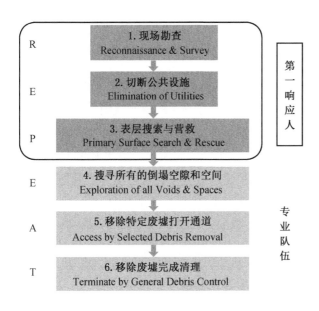

图 3-2 完整的废墟灾害现场救援程序

水、燃气等公共设施，尤其是断裂垂落的输电干线、破裂的天然气管道等[16]。

（3）表层搜索与营救：在倒塌损坏的建筑物快速开展浅表层的搜索，寻找受困、遇难者的具体位置，对浅表埋压易于救出的被困人员开展快速的营救转移[17]。

（4）搜寻所有的倒塌空隙和空间：对于确定有人员被困但表层快速搜索仍未发现的倒塌废墟救援场地，可通过专业有序的敲击、呼叫，以及搜救犬、生命探测仪等搜寻所有的倒塌空隙和空间，尽最大可能搜寻失踪被困人员。

（5）移除特定废墟打开通道：确定受困人员位置后，分析倒塌建筑物的力学结构情况，确定救援方案，采用专业救援装备移除特定废墟打开生命通道。

（6）移除废墟完成清理：打通救援通道抵达受困人员位置，安全移除压埋被困人员的废墟后，简单处理伤情，妥善转移被困人员。最后对救援废墟现场进行清理或加固，避免二次失稳造成伤亡。

（二）"第一响应人"应急救援处置过程

"第一响应人"队伍是在专业救援队伍到达之前在灾害现场开展第一时间应急救援处置的核心组织力量，既有熟悉灾害现场环境与人员情况的优势，同时又受专业技能和救援装备缺乏的限制。因此，"第一响应人"应着重开展上述现场救援程序的前三项初期快速应急救援处置行动，之后将需要专业救援装备的复杂救援行动移交给专业救援队伍，并协助其开展行动。需要特别注意的是，上述应急救援行动序列是可以根据灾害现场实际进行重复、调整或者并行开展的。

四、灾害救援现场勘查

到达灾害救援现场，开始救援行动前先进行救援点现场勘查，是能够持续、准确、快速、全面和安全开展救援的前提。地震和地质灾害造成的常见破坏为建筑物倒塌。建筑物倒塌废墟灾害现场勘查主要包括收集现场破坏信息、确定现场潜在危险两部分。表3-1展示了专业救援队常用的倒塌建筑物现场勘查信息表，可供"第一响应人"开展灾害救援现场勘查时参考。

表3-1　倒塌建筑物现场勘查信息表

编号		GPS 坐标		
建筑物 基本信息	建筑物名称			
	地址			
	用途			
	原有人数	失踪人数		被困人数
	结构类型	□砖混结构　　□钢筋混凝土结构　　□钢结构 □木结构　　　□土石结构　　　　□其他____		
	层数	地上____层　地下____层		
	通道分布	□出入口____　　□楼梯间____		

表 3 - 1（续）

破坏情况	倒塌程度	□完全倒塌 □部分倒塌 □其他____		
	倒塌后生存空间	□几乎没有 □狭小空间 □较大空间 □其他____		
	主要破坏部位	□墙体 □楼板 □梁 □柱 □楼梯间 □整层 □其他____		
	二次倒塌可能	□极有可能 □不大可能 □其他____		
危险因素	煤气泄漏	□有 □无	其他危化品泄漏	□有 □无
	易燃、易爆	□有 □无	台风	□有 □无
	崩塌	□有 □无	滑坡	□有 □无
	泥石流	□有 □无	洪水	□有 □无
	周边建(构)筑物稳定性	□稳定 □不稳定	周边受损建(构)筑物对施救的影响	□有 □无
	水管破裂	□有 □无	其他	
其他信息				
调查人		调查时间		

（一）收集相关信息

对倒塌建筑物废墟开展勘查，一方面应调查了解倒塌建筑物的基本情况，另一方面需摸清废墟中的幸存者所在的大致方位。

调查了解建筑物的基本信息主要包括以下内容：

（1）倒塌建筑物的层数、材料基本情况：在地震灾害中时常出现因为猛烈的震动将楼房的一层楼完全摧毁消失的情况，此时应通过询问周边人员确定原始楼层数，而建筑物因采用的建筑材料、结构设计和构造方式不同，其倒塌危险性有很大的差异，比如钢筋混凝土框架式结构建筑整体抗倒塌性强，而砖石外墙的普通平层建筑则更易发生整体坍塌。

（2）倒塌建筑物的使用性质、周围情况、倒塌时间：如建筑物为公众聚集场所，倒塌前为营业时间，则可知废墟内存在大量遇难及被困、受伤人员。

（3）建筑物内物品、水源、电源、大型设备等情况，以及有无易燃物、爆炸物：如得知废墟内存在大量可燃物或爆炸物，救援时就应注意用火安全，避免产生二次灾害。

（4）其他信息包括楼梯通道、出入口等。

调查了解遇难及幸存者信息，通过对倒塌建筑物内的生命情况进行分析，确认废墟内大致有多少人员被埋，在废墟中的位置，年龄、伤亡情况等。

掌握建筑物废墟救援现场的基本信息，对于正确制定救援行动方案具有极为重要的意义。调查了解建筑物信息主要依靠现场观察以及询问目击者及周围人员。对于较为复杂的救援现场信息可以现场绘制建筑物草图，将关键信息标注在图上。通过图表汇总统计，也有助于同其他现场人员以及后期到达的专业救援队进行高效的信息传递，提高救援的协同性和连续性。

（二）确定潜在危险

灾害现场隐患重重，常见的潜在危险有煤气泄漏、其他危化品泄漏、崩塌滑坡泥石流、洪水、周边建（构）筑物失稳二次倒塌等。

灾害现场危险不仅无处不在、复杂多变，还有很多不易察觉、易被忽视的潜在危险，开展自救互救时必须观而后行，处处小心，并学会做好相应的安全防护与处置工作。

第二节　灾害现场危险识别

在实际的现场救援过程中，存在的风险因素可能会更多，例如结构失稳、环境影响、心理影响、干扰因素、体力影响、队伍安全以及设备因素等。因此，灾害现场救援实际上是一项非常复杂并且十分危险的工作[18]。

一、灾害现场危险

"第一响应人"必须能够识别灾害现场存在的危险，然后采取行动避免危险、消除或减少危险的影响。在灾害救援现场，保护人员免于危险的首要步骤是识别危险。一些危险是明显的，另一些是潜在风险，还有一些风险是无形的。"第一响应人"必须要知道自己面临哪些危险，在开展现场救援前，进行现场安全评估，退后并360°环视现场，对现场上下扫视。明确危险的事项或情况，确保可以安全开展工作，避免再次发生灾害。

 案例分享3-1

1985年，在墨西哥城大地震的震后救援中，超过100名志愿者因为受损结构的倒塌而死亡。2008年汶川地震、2010年玉树地震中也都发生了志愿者死亡事件，甚至专业救援队员也有受伤的情况：汶川地震救援过程中，国家地震灾害紧急救援队内共医治救援队员268人次，其中骨折2人[17]；玉树地震救援中，122人的国家地震灾害紧急救援队在紧张而又繁重的救援中出现高原反应达到368人次[19]。2014年鲁甸地震中，还有救灾的解放军战士在堰塞湖中不幸被冲走。

2016年6月10日，一场罕见的特大暴雨袭击贵州省黎平县九潮镇。暴雨引发山洪，村镇被淹、农田被毁、人员被困。九潮镇九潮村党支部书记刘善平为救村民因绳索被冲断而被洪水卷走遇难[20]。

2019年8月11日，台风"利奇马"在山东半岛登陆，出现持续强降雨，日照莒县东莞镇孟家洼村抗洪抢险应急队之一的村民小组长孟凡永，按照抢险部署，在疏通被淤积物堵塞的河道时，由于内外水压差过大被洪水冲走牺牲[21]。

二、灾害现场危险类别

(一)结构失稳

随着城镇化水平提升,倒塌建筑结构成为最常见的灾害救援现场之一,在结构倒塌灾害现场,结构失稳是常遇到的典型风险[22],如图3-3所示。很多建筑物并不像外表那样稳固,比如易受余震或毗邻建筑物影响,甚至强风、大雪或重型车辆靠近时的强烈震动扰动,都可能形成二次倒塌[23]。尽量不要接近残垣,使之保持原样,以免发生再次崩塌而破坏现有的空隙。脆弱的墙梁柱楼板容易发生二次失稳倒塌,移除废墟时要特别小心,先要用一些物体进行周边支撑加固,以免发生再次坍塌。移除伤者附近的瓦砾时要格外小心,利用毯子、帆布或

(a) 余震、扰动

(b) 二次失稳倒塌

(c) 脆弱的墙梁柱楼板

(d) 毗邻建筑

图3-3 结构不稳定危险

瓦楞铁皮（波纹铁）等物品来保护伤者，使之免受掉落的瓦砾和尘土的伤害。

（二）高空危险

在灾害救援现场需要随时注意头顶，一些悬挂的东西容易掉落。比如建筑物构件，要注意烟囱、空调外机、门窗阳台等附属物；墙皮或其他装饰性物品的坠落，以及水塔大型设备、高空断裂坠落的电线等，如图3-4所示。

(a) 建筑物构件　　　　　　　(b) 大型设备

(c) 附属物　　　　　　　　　(d) 高空电线

图3-4　高空危险

（三）表面危险

废墟表面与平地不一样，凹凸不平，倒塌破碎的建筑墙壁、道路滚石，可能有钢筋水泥、碎玻璃、暴露的尖钉、钢筋、砖块等尖锐物体；另外也有可能表面上看上去很安全，走上去却湿滑甚至出现陷坑，比如道路泥泞湿滑、冬季的冰雪，水下不可见的障碍物等，如图3－5所示。

(a) 凹凸不平　　　　　　　　(b) 倒落树木

(c) 人工孔洞　　　　　　　　(d) 掉落电线

图3－5　表面危险

📋 **案例分享3-2**

2014年11月26日下午，在四川康定6.3级地震救灾中，共青团甘孜州委副书记袁雅逊与团省委、省群团组织社会服务中心抗震救灾工作组前往道孚县配送救灾物资、援建抗震希望学校后，在返程距离塔公 10 km 处，由于道路结暗冰发生车祸因公殉职，另有 2 人受重伤[24]。

2020 年 7 月 22 日，安徽省庐江县石大圩漫堤决口，庐江县同大镇连河村党支部副书记王松比较熟悉救援现场水域情况，主动担任向导，与庐江县消防员陈陆等在乘坐橡皮艇反复搜寻被困群众时，在看似开阔平坦的洪水面上突遇一道跌坎激流，橡皮艇被卷入旋涡侧翻，二人落水后被冲走牺牲[25]。

（四）内部潜在危险

灾害救援现场受灾人员有时会被困在狭小空间，局部高度变化容易导致跌倒和磕碰，地下室、洞穴坑道或者地下洞穴中，救援空间、氧气浓度、光线可见度往往会稀缺不足，给救援人员自身和救援行动带来重重困难，如图 3-6 所示。

(a) 狭小空间

(b) 空气变化

(c) 高度变化

图 3-6　内部潜在危险

案例分享3-3

2018年7月6日，泰国12名足球少年与一名教练在清莱府一洞穴探险时因降雨受困，洞内多片区域被雨水淹没，水中淤泥堆积，能见度极低，部分位置水流湍急，部分位置氧气含量过低，泰国海军海豹突击队前队员萨曼（Saman Kunont）以志愿者身份支持救援行动，在通宵运送氧气瓶进山洞时因缺氧不幸身亡[26]。

（五）公共设施危险

灾害发生时往往会对公共设施产生较大的影响并造成损失，高压线、变压器等电力设施、下水道和水管、可燃气管道、基站破坏或倒塌等，进而导致漏电、喷水、可燃气体泄漏等安全危险，如图3-7所示。煤气泄漏会导致中毒和窒息，

(a) 电

(b) 水

(c) 煤气

图3-7　公共设施危险

断裂的电线和电缆会造成电击等。在救援行动初期，切断或隔离移除上述公共设施是非常重要的。

 案例分享3-4

2005年7月，巴基斯坦进入雨季后全国各地洪水泛滥成灾，一艘参加抗洪抢险的救援船只在一个村庄转移被洪水围困的灾民途中，铁制桅杆突然触电，导致至少14人死亡，11人受伤[27]。

2019年8月，浙江三门消防中队排长在临海救援转移被困洪水中一家小卖部的老人时，遭遇门把手漏电，多亏反应快拼命蹬离触电位置，幸免于受伤[28]。

（六）次生灾害危险

城镇人口集中，建筑密集，管线复杂，用电设施较多，大型的地震、地质灾害往往会引起火灾、化学品泄漏、次生地质灾害以及环境污染、卫生疫情等次生灾害危险，如图3-8所示。

（1）火灾：倒塌的建筑物极易产生明火，进而引起燃气罐等易燃易爆物品的爆炸。一旦发生火灾，地震、地质灾害等灾害现场往往没有有效的灭火条件[29]。火灾产生的烟雾一般有毒，可在几分钟内令人窒息，因接触火焰、灼烧碎片或金属而烧烫伤，高温还会导致建筑物更脆弱而倒塌[30]。火灾也可能会引起爆炸。

（2）地质灾害：大地震后时常会有降雨，泥石流、滑坡、崩塌滚石和洪水等次生灾害的危险等级会大幅升高，尤其是山区要格外注意次生地质灾害，山谷间道路的崩塌滚石会对行驶的车辆、行人造成巨大的危险隐患，堰堤坝、挡水墙及桥梁也有决堤、垮塌的危险等。

(a) 火灾	(b) 爆炸
(c) 尸臭疫情	(d) 毒气

图 3-8 次生灾害危险类别

（3）洪水灾害：在山谷区地震、地质灾害引发滑坡形成的堰塞湖溃决，或者地震、强降雨导致水库堤坝破裂，会对下游地区形成凶猛的洪水灾害，淹没房屋建筑、冲毁道路桥梁，并容易引起岩洞、隧道坍塌[31]。洪峰过后的洪水淹没区还存在很多看不见的潜在危险，比如部分沟坎处的局部暗流湍流，洪水之下的深沟、沼泽，城镇街道的下水管道口等。

（4）海啸灾害：在我国东南沿海发生的大型海域地震可能引发异常的涨潮、巨大的海浪乃至海啸，其巨大的冲击力袭击沿海沿岸，会造成毁灭性的灾难。

（5）化学品危害：化学仓库被淹，毒气泄漏扩散，有毒、有害及其他化学物质可能因为包装容器的破裂、洪水、建筑物倒塌或在移动时泄漏。要特别注意避免直接与酸或碱接触造成的化学烧伤，因烟雾或气体引起的窒息或中毒，以及长时间皮肤接触或吸收化学物质而中毒。

（6）放射性物质泄漏、核辐射：如若灾区有放射性物质储存、核设施，以及放射性废料存放，都应第一时间进行调研核实放射性物质泄漏的情况，及时组织人员疏散撤离。

（7）环境污染：灾区水资源往往会受到碎片、燃料、化学品或者污水的污染，尤其作为饮用水资源的蓄水库、湖泊等，如有条件，尽量不用灾害现场的天然环境水作为饮用水。

（8）尸臭疫情以及病菌感染：救援过程中皮肤擦伤、组织裂伤往往难以避免，和尸体、灾区土壤、废墟长时间接触也存在被病菌感染的危险；灾区大量遇难人员以及死亡动物的尸体开始腐烂，极易爆发各类疫情[32]。

 案例分享 3-5

1906 年美国旧金山地震，次生大火三天不息，烧毁了 508 个街区；1923 年日本关东大地震震倒房屋 13 万栋，而次生火灾烧毁房屋 45 万栋[29]；2011 年日本东北部大地震导致福岛核泄漏，一位灾后在福岛核电厂紧急救援核灾的工作人员于 2018 年因暴露辐射而罹患肺癌死亡。

在我国，也有很多类似的次生灾害情况：1975 年海城地震，虽然震前进行了预报并采取了一些应急措施，但仍发生次生火灾 60 起[29]；1976 年唐山地震，在唐山市引起大型火灾 5 起，在地震波及的天津市，据不完全统计，震时共发生火灾 36 起，开平化工厂的液氯车间在地震中被砸坏了阀门，剧毒的液氯泄漏，当场毒死 2 人；2008 年在汶川地震重灾区，一些工厂企业出现了坍塌，还有一些化工厂受地震灾害的影响，出现了管路破裂，至少发生了 4 起化工厂泄漏事件：四川什邡市的蓥峰实业有限公司和宏达化工股份有限公司液氨和硫酸发生泄漏，青川县的凯歌肉联厂的液氨发生泄漏，绵竹市汉旺镇丰磷化工有限公司垮塌造成黄磷燃烧，得益于应急处置及时，均没有对当地的水质和大气环境造成影响[33]。

（七）其他危险

另外还有噪声污染、可见度低、高原低温等特殊灾害救援现场的环境危险，以及救援高压疲惫、工具使用不当，救援现场周边混乱的人群干扰救援行动形成危险隐患，如图3-9所示。

(a) 空气污染、灰尘、噪声　　　　　　(b) 天气或夜晚

(c) 高压疲惫　　　　　　　　　　　(d) 工具使用不当

图3-9　其他灾害危险

（1）空气污染、灰尘、噪声、烟雾：坍塌产生的灰尘可能有危险，并可能掩盖受伤的幸存者或尸体。

（2）不利天气或夜晚：低温寒冻，可见度低，都可能对救援造成一定影响。冬季、高原等环境，昼夜温差大，要带好保暖衣物，做好保暖措施。

（3）周围人员的影响：情绪激动人群，围观人群、媒体有时会干扰应急救援行动的安全有序开展。

（4）交通拥堵风险：大灾发生时，由于灾民转移，人们自发的志愿救援行动可能让本就狭窄艰险的道路拥堵，堵塞救援生命线。

（5）高压疲惫：救援连续作业，饮食、睡眠和休息难以得到保证，救援人员抵抗力下降；救援过程中目睹各类惨烈现场引起生理和心理的高度压力。

（6）工具使用不当：以不正确、不合理的方式使用危险的、不合适的工具器材开展救援。比如支撑废墟时采用不够稳定的三角楔，而非较为稳定的方形器材等。

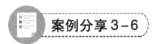

2008 年 8 月 1 日，云南省宣威市双河乡双河煤矿因电闸关合引发瓦斯爆炸，造成 5 人死亡，1 人受伤。在专业救援人员到达之前，矿方自发组织了多次救援，造成无防护措施的救援人员中毒。后续到达的宣威市矿山救护中队混合小队也因对新型呼吸器防护设备操作掌握不够熟练[34]，在多次进入矿井搜救过程中，由于残留在煤矿里的瓦斯、一氧化碳等有毒气体较多，再次造成 1 名队员殉职、7 名队员中毒受伤[35]。

2013 年 4 月 20 日，芦山地震救援中，一辆载有 17 名官兵的救灾车赶赴灾区途经荥经县新溪乡山坝村熊家山附近时，因道路过于狭窄，在一个 45°左右的弯道处，为躲避私家车紧急刹车爆胎翻下 30 m 高山崖、坠入近 10 m 宽的河道中，致使 2 名年轻战士牺牲，6 人受伤[36]。

第三节　灾害现场危险的应急处置

"第一响应人"处于灾害现场，在做好灾害形势评估的同时，应尽可能组织开展应急处置工作，在做好自身防护开展人员疏散转移及自救互救的同时，还应对周边已知或可能造成破坏的一些设施设备进行巡查，及早发现险情，采取关停或设置警戒等紧急处置措施，不能及时处理的可上报信息。同时在专业救援人员抵达之前，组织初期救灾工作，保证各类人员生活、安置、卫生健康等。现场处置工作的前提是保障个人安全，不逞强，专业性太强的不应蛮干。

一、做好个人防护和卫生

寻找并穿戴防护服和其他防护装备，注意个人、环境卫生与防疫，可帮助应急救援"第一响应人"避免危险，减少危害的影响。

（一）个人防护用品

尽管灾害现场十分混乱，存在难以预料的多种危险因素，但只要积极准备、沉着应对，正确穿戴、使用相应的个人防护用品，就可以有效地避免或减轻由于上述因素而引起的伤害。国家地震灾害紧急救援队在多次救援行动中总结出进入灾害现场救援必须做到"3戴加1穿"，即戴头盔、戴口罩、戴手套、穿防护靴[37]。"第一响应人"可能在灾后第一现场无法配备专业完备的个人防护装备，但是在救援时也可以尽可能参照穿戴个人防护用品，采取减轻危险的措施，如图3-10所示。

（1）头部防护：佩戴工人安全帽、摩托车头盔、电动车头盔等。适用于存在物体坠落、物体击打等危险的环境。

（2）眼睛防护：建议使用浅色墨镜、眼罩或面罩，适用于存在粉尘、气体、烟雾或飞屑刺激眼睛或面部的环境。

（3）手部防护：尽可能佩戴耐磨、隔热、绝缘、保温、防滑等手套，防止接触尖锐物体扎伤、接触带电体触电、接触物体湿滑表面等[38]。

（4）足部防护：佩戴防砸、防腐蚀、防渗透、防滑保护鞋，可能接触尖锐物体刺伤、砸伤，注意在特定的环境下穿防滑或绝缘或防火花的鞋。

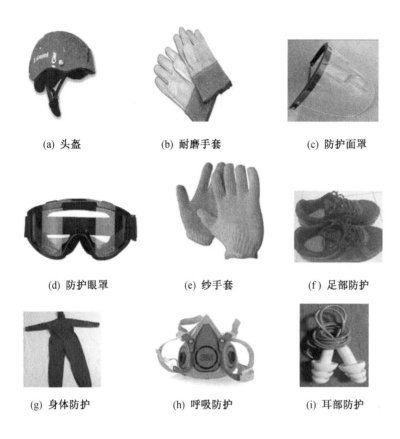

(a) 头盔　　　　　　　(b) 耐磨手套　　　　　　(c) 防护面罩

(d) 防护眼罩　　　　　(e) 纱手套　　　　　　　(f) 足部防护

(g) 身体防护　　　　　(h) 呼吸防护　　　　　　(i) 耳部防护

图 3 – 10　现场可利用的个人防护装备

（5）身体防护：保温、防水、阻燃、防静电等，适用于高温或低温作业以及潮湿或浸水环境等，在特殊环境下注意阻燃、防静电等。

（6）呼吸防护：要考虑灾害现场是否有易燃易爆气体、是否存在空气污染、是否有大量灰尘、是否有烟雾等因素，选择合适的口罩。如棉口罩、一次性口罩、毛巾、衣物等。

（7）听力保护：耳塞、耳罩和防噪声帽盔，声音强度衰减 20 ~ 50 dB。

（二）个人卫生防护

灾害现场的搜救工作紧张繁重而又危险重重，随时可能受伤，同时物资保障极度缺乏，对于救援人员来说，越是生存条件差、人体长久疲劳，越应注意个人卫生防护。平时准备社区急救箱、家用急救包是很好的备灾措施，如果灾害发生时没有这些，可以寻找仍可安全进入的药店、便利店、超市等，尽可能寻找医疗卫生防护物品。

（1）伤口及时消毒包扎：外露伤口容易被污染，尤其在气温高、人群密度大的环境下，保护好伤口不被撞到，并对伤口进行消毒，能有效杀菌、消炎。

（2）寻找抗菌消炎药物：只要身上有伤口，建议使用碘酊消毒，如果难以寻觅，可以寻找抗生素、消炎药口服，一般吃两三天剂量的消炎药，就可以在一定程度防止细菌感染，减轻伤痛症状。在服用药物时注意过敏史，如青霉素、头孢类及其他类药物过敏史。

（3）保证补充水分：在夏季，尤其是高原地区的灾害现场救援时，由于高原紫外线照射强度大，皮肤丧失水分多，加上呼吸道水分丧失，应当尽量大量饮水（建议每人每天 4000 ~ 6000 mL）[19]。

（4）注意防疫防护：严重的灾害现场卫生条件差、人群拥挤扎堆、温度回升，尤其可能还会接触遇难者尸体，这些都是传播细菌、病毒的可怕"温床"，此时传染性疾病极易在灾后人群中传播，需格外注意防疫防护。

二、灾害现场危险应急处置

灾害现场可以通过采取一些必要的应急处置措施来避免或减少危害的影响，比如通过危险标识和警戒线圈定区分危险区域和安全区域，安排安全观察员通过明确统一的撤离信号在危险发生前及时发出通知，现场应急救援人员按照提前确定的疏散计划撤离等。

（一）确定安全区域和危险区域

一旦发现了与一座建筑物或一系列建筑物相关的危险，"第一响应人"应该能够定义安全区域，确定危险区域，并采取措施限制无关群众进入这些区域。

安全区域是人们可以聚集的地方，可以布置设备，处理伤亡等。建筑物墙体向外倒塌时可能覆盖附近较大的面积、甚至一些断裂的构件或水泥砖块可能飞落得更远，距离建筑物高度1.5倍以上的任何地方一般是安全区域，比如受损建筑物20 m高，则30 m远为安全区域。此外还应排除一些架设的掉落物、羁绊物、尖锐物等前述危险因素。靠近受损建筑物、化学品或火灾的其他区域可定义为危险区域。

延伸阅读 >>>

1∶1.5的概念可以解释如下：如果结构的剩余高度是30 m，那么最近的安全距离是45 m，即30 × 1.5；如果结构的剩余高度是50 m，那么最近的安全距离是75 m。如果用倾斜仪或倾斜仪应用程序计算，大概等于一个约33°的倾斜角度范围（图3 – 11）。

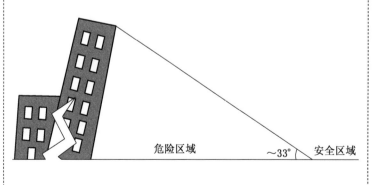

危险区域　　　　　　　　　　~33°　　安全区域

图3 – 11　受损建筑的危险区域和安全区域示意图

（二）做出危险标识

一旦发现危险，应该做出标记，提醒每个人远离危险，常见的标记系统有"注意危险""停""有电危险""毒"等警示牌，也可以用灾害现场易寻找的纸板手写自制标识牌，如图3-12所示。

(a) 注意危险　　　　(b) 停　　　　(c) 有电危险　　　　(d) 毒

图3-12　危险标识

（三）设立警戒线

根据《地震灾害紧急救援队伍救援行动　第2部分：程序和方法》(GB/T 29428.2—2014）要求，危险区域应设立警戒线，防止旁观者和其他未参与搜救行动的人员进入该区域。用红/白塑料胶带标记工作区域是一种公认常见的方法，也可使用其他标记系统、绳索或障碍物，水平挡住通道，或沿对角线挡住危险的路径，如图3-13所示。

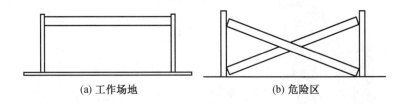

(a) 工作场地　　　　　　　　　　(b) 危险区

图3-13　警戒线设置方法

（四）设置安全员密切监视

在灾害救援现场，至少应指定一名现场安全员。安全员应时刻观察各类危险征兆，评估现场潜在的危险性，提醒救援人员对潜在危险的注意，及时给"第一响应人"等现场组织人员提供现场安全方面的建议提醒，必要时建议暂停救援。

（五）制订进入、撤离和疏散计划

"第一响应人"应制订进入、撤离和疏散工作现场的计划，如图 3 – 14 所示。

（1）统一撤离信号：哨子或拨锣甚至铁盆等可发出尖锐的声音，在短时间内反复吹响或敲响，当所有人听到疏散警报时，必须立即离开。

（2）确定撤离路线：如果听到疏散警报，人们必须知道去哪里，走什么路线。比如在损坏的楼梯或楼层上，尽量靠墙走。

（3）组织疏散行动：疏散时，必须有人负责检查是否所有人都已离开，并注意转移过程中人员特别是弱势群体的安全。

（4）确保安全再返回救援现场：一旦每个人都安全离开，那么在每个人返回救援工作现场之前，可以采取进一步的措施来消除危险。

三、灾害现场组织管理

灾害现场往往混乱、恐怖，伤员待救、人员惊慌、危险不断、信息杂乱，"第一响应人"应能够对惊慌混乱的民众进行有效的组织管理，扩大现场搜救的有生力量，并确保在安全的前提下提高效率。

灾害现场组织管理主要包括人员管理、场地管理和装备管理三个方面。

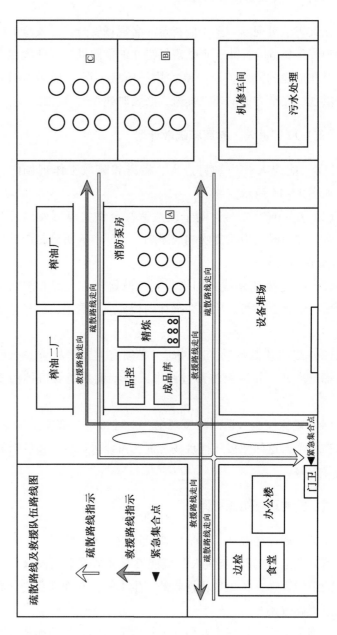

图 3-14 制订进入、撤离和疏散计划

（1）人员管理主要包括召集和组织搜救人员、安抚灾民与被困人员、清退无关人员，建立倒班制度。建立团队架构，组织灾害现场各类人员互相监测是否出现疲劳或压力感，尤其是高原地区灾害现场，安排好轮休，不要过于疲劳，减轻发生高原反应的风险。

（2）场地管理是减少现场危险的重要方面，应将灾害现场按照功能整体分为搜救区、伤员区、危险区、封控区等区域，设置进入/撤离路线，如图 3-15 所示。

(a) 警戒区

(b) 休息区

(c) 装备存放区

(d) 建立洗消区

图 3-15　灾害救援现场场地分区管理

（3）装备管理的目的是确保应急救援装备能够安全正确、及时便捷、持续高效地发挥作用，提升救援处置的效率，避免因装备使用不当造成额外的危险事故。

灾害现场组织管理应注意不可预料的危险，工作、心理的压力，树立"安全第一"理念，避免出现伤害，顺利移交给专业队伍。为了避免进一步的伤害和防止情况变得更糟,"第一响应人"应该尝试控制现场,比如得到警察或军事人员的帮助,设置边界标记、入口和出口点,排除没有参与救援行动的人员,安排居民到应急避难场所等。

识别灾害现场的各种危险隐患是"第一响应人"能够在灾害现场安全有效地组织开展应急处置与救援的前提保障,为确保现场人员的安全,需要针对各类危险采取相应的安全防护措施,妥善处置各类现场危险,最大限度地避免危险、消除或减少危险的影响,有效管理组织灾害现场的人员、区域、装备,提高灾害现场处置的科学性、高效性,抓住黄金救援时间,最大限度地开展灾后第一时间的自救互救。

第四章　灾后初期搜索技能

灾后初期的搜索技能主要以人工搜索为主，响应速度是"第一响应人"的重要优势，人工搜索在初期救援中尤为重要。人工搜索就是搜索人员采取看、听、问等感官知觉对倒塌建筑物或区域进行评估，搜索任何可能存在生存者的迹象。

本章主要阐述"第一响应人"如何开展灾后初期搜索。开展搜索首先应当明确搜索的目的，掌握如何给被困人员、建筑物做标记，寻找幸存者并取得联系以及确定幸存者位置的方法，搜索人员应该掌握的技能包括：组织搜索工作所需要的信息，并确定在哪里能获得必要的信息（比如家人、邻居）等，了解常用的几种搜索程序以及掌握搜索方法。

第一节　搜　索　的　组　织

一、搜索准备

任何一项成功的救援行动，首先要确定幸存者的位置。开展搜索行动，必须要有可供现场搜索人员使用的搜索工具、简易器材以及周密的组织，搜索工具及器材是搜索人员开展搜索的基本条件，搜索发现的信息必须能够以清晰以及可靠的方式传送给需要的人员，因此必须事先设计好信息的传送方式，包括一套基本的口头指令，以及放置在倒塌建筑物现场不同地点的标志系统。

二、搜索评估

在开始搜索行动之前，首先要对该现场做出初步的评估和判断，收集有关信息是必要的，这些信息在搜索行动过程中被证明是十分重要的，比如了解建筑物的类型及构造、建筑物用途，如居民楼、医院、学校、工厂等，可以提供关于房屋内人数的宝贵信息，房屋人数信息可以根据灾害发生时间进一步细化，如果一次破坏性地震发生在放学之后，则可以预计校舍内的人数肯定比平时少。

三、了解情况

在建筑物倒塌现场搜集人数或家庭数，可为搜索幸存者提供有效的信息，现场的第一目击者可提供最后看见遇难者所处的位置、房屋布局和进出口通道等有价值的信息，在开始搜索行动之前和搜索工作中，搜索人员应确定建筑物倒塌可能产生的生存空间，以便判断建筑物内幸存者可能所处的位置。

第二节　搜　索　方　法

人工搜索是"第一响应人"在执行搜救行动过程中使用最频繁、最便捷的搜索手段，是最基本的搜索能力。人工搜索常用的方法和手段有：①利用地图，包括电子地图、GPS 定位、智能手机等技术进行初步现场宏观定位；②通过询问打探，尤其是听取当事人、目击者的表述，收集各方信息，进行收集整理；③通过目视观察，直接从现场废墟的外部特征判断和发现最有可能有受困者存活的区域和部位；④通过有次序地大声喊话，有规律地敲击坚硬物体，如水泥板、铁板、钢管等，提醒受困者注意，引导受困者做出回应；⑤保持现场安静，仔细倾听任何来自受困者发出的求救信号，最大可能地发现受困者。

一、人工搜索基本手段

（1）直接搜索。

（2）呼叫并监听幸存者的回音。

（3）拉网式大面积搜索。

二、人工搜索要点

（1）收集、分析、核实灾害现场有用信息。

（2）保护工作现场，设置隔离带。

（3）调查和评估建筑物的危险性。

（4）直接营救表面幸存者和极易接近的被困者。

（5）如必要做搜索评估标记。

（6）绘制搜索区和倒塌建筑物现状草图。

（7）确定搜索区域和搜索顺序。

（8）确定搜索方案。

（9）边搜索、边评估、边调整搜索方案和计划。

（10）大范围搜索时，采用智能手机采集被困人员的 GPS 信息。

三、人工呼叫、倾听、敲击法

在定位搜索期间，搜索负责人要确保停掉那些干扰的杂音，或是将噪声降低到可以接受的最低限度，尽量保持现场相对安静。定位搜索时，应组织搜索人员按照相关队形布设，尽可能平均分布（相互距离 2～5 m）在废墟上。搜索人员应俯卧在废墟上，通过废墟上的孔洞或导声结构（木梁、支架、管道）仔细倾听废墟内的动静。每个步骤都需由搜索组长发出口令。

如果没有察觉到有代表生命信号的声响，则要通过呼叫，要求失踪的被困人员表明自己的位置。必要时也可以使用扩音器或喇叭。不过为了突出音节、便于理解，建议呼叫：

"这里有人吗？——请回答！"

呼叫后，再次仔细倾听废墟中的动静。如果没有回答，则应当呼叫：

"这里有人吗？——听到请敲击！"

要求被埋人员发出敲击信号。

如果还是没有回答，搜索人员应当在组长的命令下，每隔一段时间就重复呼叫，一直持续到废墟中央地带，在这个过程中，搜索人员相互之间的距离不断缩小。

如果废墟瓦砾的成分混杂不一，尤其是当有管路、钢支架或类似传声喇叭的结构时，可能会干扰定位搜索人员确定被埋人员的真实位置，从而误导他们的工作。

当搜索人员察觉到呼救声、敲击声之后，便可以确定声音是从哪个方向传来的，然后组长便可以找出一个交叉点，估测出被埋人员可能位于何处。

如果一名被埋人员发出敲击声，那么在提问时，一定要采用被埋人员可用"是"或"不"来回答的问句。要向被埋人员解释清楚敲击声的含义（比如敲一次代表"是"，敲两次代表"不"）。

原则上说，如果一名被埋人员呼叫求救或发出敲击声，就必须尝试用问话的方式确定其所在的位置，此外还要询问对方的状况如何。

为确定对方的位置，比如可以使用以下问句：

（1）您是在山墙的……边吗？

（2）您是在房屋的中央吗？

（3）您是在屋门那边吗？

（4）您是在浴室里吗？

（5）您是在楼梯间吗？……

还可以询问被埋人员的状况：

（1）您有水淹（燃气泄漏、烟熏、着火等）的危险吗？

（2）您受伤了吗？（如果回答"是"，要问哪里受伤了）

（3）您能动吗？

（4）您被压住了吗？

（5）您身边还有其他人吗？有几个人？（说出人数或敲击几下）

（6）其他房间里还有被埋的人吗？

（7）您和这些人有联系吗？……

一旦获得所有必需的信息，救援人员就可以开始营救了。如果无法即刻开始营救，那么必须将这种情况通知被埋人员并做好相应标记。这样做是非常有必要的，可使被埋人员知道自己不久就会得到救助，不会失去生存的勇气。搜索人员应当不断和被埋人员保持通话联系，直到营救行动开始。

四、人工搜索基本队形

（一）人工"一"字形搜索法

该法主要用于开阔空间地形的搜索，如图 4 - 1 所示，队员呈"一"字形等距排开，从开阔区一边平行搜索通过整个开阔区至另一边，到开阔区的另一边后可以反方向搜索，再回到出发的一边，达到反复搜索的目的。

图 4-1　人工"一"字形搜索

（二）人工环形搜索法

该法主要用于已大致判断受困者所在区域要继续缩小范围精确定位时的搜索，队员沿废墟四周或搜索区域边缘呈圆形等距排开，进行向心搜索，直至将任务区搜索完毕，如图4－2所示。使用该法搜索时动用人数较多，以保证形成一个能围住搜索区域的完整圆弧，所以它通常被用于对重点区域重点部位的搜索。

图4-2　人工环形搜索

（三）人工弧形搜索法

当开阔区的一边存在结构不稳定的倒塌建筑物时，通常采用这种方法；当搜索人数有限，无法一次性形成一个环形围住搜索区域时，也可采用这种方法，它是采用多次使用多段弧形连接的方法，起到与环形搜索相同的效果。如图4－3所示，队员沿着废墟的边缘呈弧形等距展开，等速搜索前进，从废墟的边缘逐渐向弧所在圆的圆心点收缩，直至将任务区搜索完毕。

图4-3　人工弧形搜索

五、人工搜索模式

（一）人工搜索网格模式

（1）网格搜索需要较多的搜索人员，在搜索区草图上，将搜索区域分成若干个网格，如图4-4所示，将现场搜索区域网格化，每个网格由6名搜索人员（"第一响应人"）组成搜索组，通过呼叫搜索被困者。要注意避免各网格搜索组相互干扰。各网格搜索结果向现场指挥员报告。

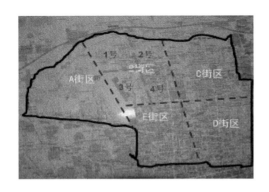

图4-4　搜索区域网格化

（2）如果网格搜索小组完成空间搜索工作，是否还需继续进行其他形式的搜索由现场指挥员决定。

（3）所有未能确定遇难者的位置都应该标记在该网格上，后续可向专业队伍报告结果。

（二）人工搜索外部模式

外部搜索模式在开放区域或小范围内，需要手与膝配合进行搜索时，通常使用此模式。

外部搜索模式遵循的原则如下：

（1）将搜索区域视为一个网格，搜索人员首先位于网格的一侧。

（2）搜索人员之间的距离视能见度和建筑中的杂物和瓦砾情况而定。在任何情况下，搜索人员都必须保持两侧同伴在视线范围内并且保持言语交流；每个搜索人员的工作区域都应与其两侧同伴的区域相互交叠。

（3）搜索人员前进时尽量保持一条穿越整个搜索区域的直线。随着搜索人员在工作区域内移动，他们沿着指定网格线对受困者进行彻底的搜寻，如图4-5所示。

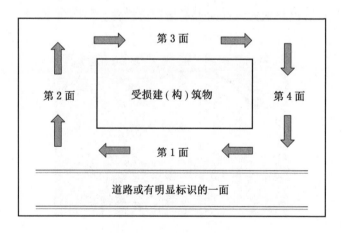

图4-5 建筑物外部模式

（4）为了确保完全覆盖，"第一响应人"必须记录每个已完成的搜索区域。

（三）人工搜索内部模式

内部搜索模式主要是对建筑物中潜在的受困者进行定位，定位的第一步是对建筑物内部进行评估，以便收集有关建筑物破坏的更精确的信息，并且确定优先顺序及行动计划。收集的数据有助于推断出可能的密闭空间或空间的更多信息。

（1）单栋建筑物内搜索：建筑物被分成若干象限，划分象限是从第一侧面和第二侧面的相交处起始，以字母 ABCD 的顺序按顺时针方向标记，四个象限相交的中心区域定义为 E象限，如图4－6所示。多层建筑物的每层必须有一个清晰的标记，当层数从建筑物外部可数时可不标记。层序从地面一层开始，向上依次为第二层、第三层等，地面一层以下为地下一层、二层等，如图4－7所示。

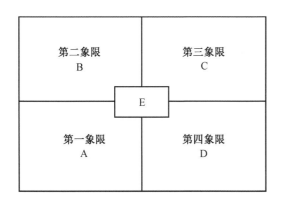

图4-6　建筑屋内部象限

（2）单栋建筑物房间内搜索：基本原则是进入建筑物后从搜索人员的右边开始搜索，结束也是在搜索人员的右边，一则避免迷失方向，二则避免遗漏空间，如图4－8所示。进入

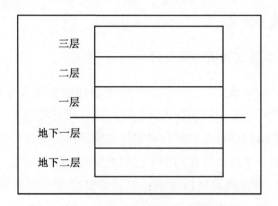

图 4-7　多层建筑物分层

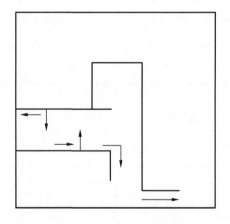

图 4-8　建筑物房间内搜索

建筑物后，向右转，右侧贴墙向前搜索，逐个房间进行搜索，直到全部房间或空间搜索完毕再回到起始点。如果搜索人员忘记或迷失方向，只需简单地向后转，并按位于同一墙体的左侧向前进即可返回进入时的位置。

六、人工搜索时信息报告

在专业力量（包括救援队和可以接管现场的政府部门人员）到来之前，搜索完成后，"第一响应人"应该将信息汇总到现场指挥人员那里，然后立即评估并开始营救；专业力量到来之后，交接所有信息。报告内容包括受困者位置、周围条件以及被困原因等。营救人员必须注意建筑物的周围条件以及任何已确认的危险，注意有关进入建筑物的最佳线路信息、救出幸存者的最佳线路，以及任何其他专门的安全通道信息，如在受困者下方或上方其他逃脱线路。

七、人工搜索注意事项

（1）人工搜索行动包括在受灾区域内的相关人员部署。这些人员能在空隙之间以及狭窄区域内进行单独的视觉评估，以发现任何可能的受害者发出的信号，也可以作为监听者协助其他人员开展救援工作。

（2）使用大功率扬声器或其他喊话设备为被困的幸存者提供指引。喊话完毕后保持受灾区域安静，由人工搜索人员负责监听并尝试定位出发出声响的确切方位。

（3）与其他搜索方式相比，人工搜索需要更加小心谨慎，而且参与救助行动的人员也存在相当大的危险。

人工搜索是最简单的搜索方法，也是最容易实施的搜索类型，但难以保证其精确度，只能针对废墟表层展开，并且搜索者本身安全也受到潜在威胁。现场指挥员应根据地形和人力选择搜索队形、注意控制搜索人员之间的间隔和搜索线的推进速度，搜索人员应注意相互间的配合，根据指挥员的指挥保持呼叫、敲击和收听回应的一致，做到同时呼、同时停，每次敲击呼叫后，应保持肃静并倾听 10 s 左右，尽最大可能接收受困者回应。

第三节　搜索工具及标记

一、搜索工具

搜索工具（图4-9）主要包括：

（1）个人防护装备和急救包。

（2）无线电通信设备。

（3）标识器材（记号笔、自喷漆、小红旗）。

（4）呼叫装备：扩音器、口哨、敲击锤等。

（5）搜索记录设备：摄像机、望远镜、手电筒。

（6）搜索表填写器材：书写板、纸笔、表格。

(a) 敲击锤

(b) 记录画图笔纸

(c) 照相定位设备

(d) 扩音器

(e) 摄影设备

(f) 照明设备

(g) 对讲机

(h) 自喷漆标记工具

图 4-9 搜索工具

二、搜索标记

当搜救区域范围很大时，每次中断或完成了某个现场的搜救工作都必须在该现场做好标识，标识记号应明确、易懂。"第一响应人"在人工搜索时可使用明显物品，比如小红旗来进行标记。

延伸阅读 >>>

国际通用搜索标记

专业队伍标识时通常采用国际通用规则，说明当前救援工作的现状。为了提高救援效率，"第一响应人"也应学习掌握各种标识，包括国际通用标识规定。

在尽可能靠近已知或可能存在被困者位置处绘制高 60 cm

左右的大写"V"字符号,根据被困者情况,标识方法分别为:

(1) 如果只知道可能有被困人员,但其位置不详,则在靠近被困人可能位置处标识"V"字符号,但不是最后结果,如图4-10a所示。

(2) 如果通过视觉或听觉确定了幸存者位置和人数,靠近"V"字的地方绘制一指向幸存者位置的箭头,如图4-10b所示。

(3) "L"表示幸存者,"V"字符号下面的L-3表示有3名幸存者,"D"表示遇难者,D-2表示有2名遇难者,但都不是最终结果,随着救援行动的进行,这些数字会随时变更,如图4-10c所示,表示先发现有两名遇难者,已经转移出1名,现场还有1名遇难者。图4-11为专业救援队在现场绘制标识。

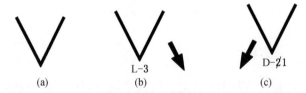

(a)　　　　　(b)　　　　　(c)

图4-10　国际通用搜索标记

图4-11　专业救援队在现场绘制标识

三、搜索表格及图件

在搜索过程中或完成一个搜索现场后，在有条件的情况下，"第一响应人"可以尝试完成表4-1~表4-4搜索表格和图件。

表4-1 倒塌建筑物搜索数据样表

日期	2021年5月20日	搜索鉴定	确定有人员存活
时间	10:30	建筑物名称或描述	凤凰地铁站
倒塌日期	2021年5月19日	倒塌时人员占有率	5%
倒塌时间	23:15	建筑物的位置	北京市海淀区凤凰岭

倒塌时的人员占有率类型	居民√	商业　工业
	其他/描述	有燃气泄漏

结构类型：钢混
轻型框架√　　　　　　　　　　预制板/混凝土楼顶
承重墙　　　　重型楼板
层数：6　　　塔式　　　　　　可利用的设计图或照片

结构工程师评价：有倒塌风险
姓名：胡杰
建筑物现状：承重柱塑性铰

营救信息：通过破拆进入
已救出人数：2人　　　发现受困人数：4人

前期救援成果：转移2名伤员

救援队名字	领导姓名	相关资料
CISAR	王总队长	救援专家：李高工；电话：138×××××××××

表4-2 被困人员调查表

调查人类别：被困者亲属
类别包括：被困者邻居、亲属、目击者、居民或可能提供关于被困者信息的其他人员均为调查对象

受困者全名	建筑物业主	被困者可能位置	相关信息
张三	李四	地下室	
张四	李四	地下室	

表 4-2（续）

受困者全名	建筑物业主	被困者可能位置	相关信息
张五	李四	地下室	
张六	李四	地下室	

表 4-3 被困者鉴别表

已救出受困者或其他鉴别资料	日期	时间	地 点	救援人员的身份
王三	2020-05-12	10:13	××居民楼一层卧室	××市××街道志愿者队伍
李四	2020-05-14	16:35	××工商局办公楼二层	××市××县××派出所民警

发现的尸体

死者全名或其他鉴别资料	日期	时间	地 点	救援人员的身份
刘五	2020-05-15	09:24	财政局办公楼三层	××市××街道志愿者队伍
张六	2020-05-17	11:30	××学校居民楼二层卧室	××市××县××派出所民警

表4-4 搜索现场草图

队名：××消防救援队伍　　日期：2020-09-15　　时间：10:16

位置/GPS　　　　经度：　　　　纬度：　　　第1页/共1页

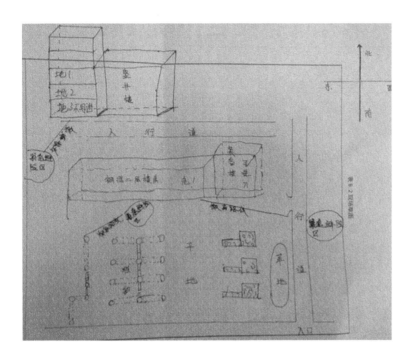

第五章　灾后初期营救技能

灾害发生后，被困人员存活率的高低与被困时间的长短呈负相关，即灾害响应时间越短，被困人员的存活率越高，救援的效果也越好。据四川有关部门统计：在汶川"5·12"特大地震中，被救出人员约8.7万人，其中自救互救人员约7万人，占80%；专业救援队救出1.7万人，占20%。由此说明，在灾害发生后的第一时间组织群众进行自救、互救，是减轻人员伤亡最有效的措施之一。同时，灾后现场救援行动危险性高、技术难度大，营救工作的成功与否不仅决定着被困人员的命运，对救援人员的生命安全和心理素质也将产生重大影响。因此，作为基层响应人员，具备良好的心理素质、先进的科学救援理念、扎实的救援基本知识和熟练的救援基本技能，将大大提高救援效率。

本章主要阐述震后初期适用于"第一响应人"的浅表层废墟营救的原则和技能，目的是在最短时间内救出更多的被困人员，以最大限度地减少人员伤亡和财产损失。

第一节　营救基础知识

一、个人防护与身份标注

现场救援时，救援人员的身体部位完全暴露在外。特别是在地震引起的建筑废墟中进行搜索救援行动时，身体各个部位非常容易被伤害。在专业人员到达现场前，"第一响应人"开展行动首先要评估现场情况，组织大家进行自救互救的同时，应注意个人的防护安全。虽然"第一响应人"没有专业队员的个人防护装备，但可以在现场找一些可使用的个人装备，做好个人防护措施（详见第三章第三节）。在穿戴好个人防护后，有条件的可在背部标注"第一响应人"；或者佩戴其他醒目的标识，如上臂绑一条毛巾，腰间绑一布条或绳子等，以区别于一般群众，便于开展救援工作，如图 5 – 1 所示。

图 5 – 1　"第一响应人"身份标注

延伸阅读 >>>

专业救援队员个人防护装备

在倒塌的建筑物中进行搜索救援行动时，身体部位非常容易受伤，不同部位的受伤概率如图5-2所示，因此进入救援场地的救援队员必须始终佩戴安全头盔、穿救援服、救援靴和携带急救包等[39]。

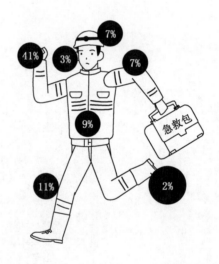

图5-2 救援人员身体不同部位受伤概率

所有现场操作营救人员都应按标准的操作程序佩戴全部个人防护装备（图5-3）。

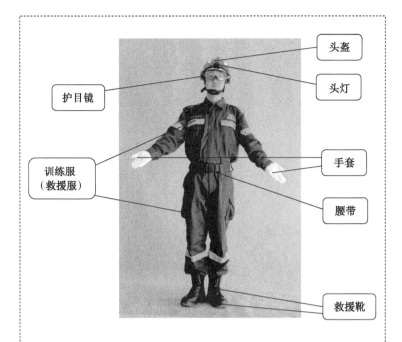

图5-3　救援队员个人防护装备

装备佩戴规范，如图5-4所示。

（1）佩戴头盔完毕后，必须使用眼部保护（护目镜）和面部保护（口罩）装备；必须始终佩戴救援手套。

（2）救援服必须覆盖全身并能防护。

（3）应穿戴带有踝和趾的救援靴。

在废墟操作救援装备时建议佩戴面罩。

(a) 眼部保护与面部保护　(b) 戴救援手套　(c) 穿救援服

(d) 穿救援靴　　　　(e) 佩戴面罩

图 5-4　专业救援队员个人装备佩戴

二、营救优先法

（1）早期的生命支持：空气、水。

 案例分享 5-1　唐山地震中的互救

1976 年唐山大地震发生后，一名女性爬到废墟上开始找人，只要发现有幸存者脑袋露在外面的，她第一步做的就是把幸存者的口腔、鼻腔的异物清理干净，以便让幸存者保持呼吸通畅，然后在幸存者旁边用树枝做一个标记，如图 5-5 所示。她用同样的方法连续救了十几个人，然后用水给每个幸存者补充水分，等待救援人员的到来。

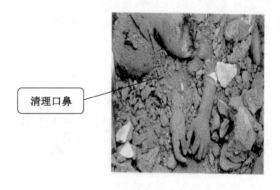

清理口鼻

图 5-5　幸存者被粉碎性建筑物压埋

（2）先救近，后救远；先救易，后救难；先救命，后治伤；先抢后救；先急后缓；先重后轻；先止血后包扎；先固定后搬运。

 案例分享5-2　山西临汾饭店倒塌事故

2020年8月29日9时40分左右，山西临汾市襄阳区逃寺乡陈庄村聚仙饭店发生坍塌事故，当时有民众在此办寿宴，宴会厅屋顶突然发生坍塌，事故发生后，在救援人员赶来之前，现场的村民先展开了自救互救。一是先救容易救的，徒手扒砖，看到胳膊或者头发就赶紧往外扒……一名现场群众说，他参与救出了四五个人，"都是老人。"二是救出的人赶紧送往医院，"谁的车离得近，就用谁的车送。"据当地一位出租车司机介绍，附近多名出租车司机在事发后自发赶到坍塌现场帮助救人、送人。直到专业救援人员赶到，村民们才将救人任务交给专业救援队。据悉，武警官兵、消防、公安民警、民兵以及应急局应急队等近千人参与了救援，最终救出57人，其中29人遇难，7人重伤，21人轻伤[40]。

（3）压埋伤员的营救程序：定位、扒挖、施救、运送。

（4）在营救过程中必须注意：一是要轻、静、细，不要伤及埋压人员；二是不要破坏原有的支撑条件；三是切忌强拉硬拽；四是安全第一。

（5）现场安全监测。

① 地震灾害中预防余震的简便方法：作为普通民众，在地震现场可以用现场普通物体来观察余震，当物体突然倒下时，要有专门的安全员用哨子或喊话来提醒大家迅速撤离现场，如图5-6所示。

② 墙体倒塌预警的简便方法：当地震发生或楼房坍塌后，需要在下方进行作业时，通过肉眼无法看出墙是否有危险，这

图 5-6　简易预警

时可以利用一张报纸粘在墙上然后把报纸用水打湿,只要报纸
有裂缝就说明这扇墙有危险,这时就要随时进行加固、支撑,
如图 5-7 所示。

图 5-7　墙体倒塌预警

三、初期营救相关原则

初期营救技能是在现场救援当中所用到的一些技术,如顶
撑、破拆、移除、支撑等技术的统称。救援人员利用一系列有
效的技术方法和合适的装备把幸存者从废墟里解救出来。在救
援过程中,营救工作是最艰苦、最危险、技术难度最大的一项

工作。因此，作为一名救援人员，必须具备良好的心理素质、过硬的技术并熟悉营救的基本知识、原则和技能，才能完成对幸存者的科学施救[41]。

1. 创建营救安全通道的方法

（1）移除（移走）废墟瓦砾。

（2）支撑不稳定废墟墙体、楼板和门窗。

（3）切、凿和穿透墙体、楼板等。

（4）顶撑并稳固上方重压物体。

2. 营救程序和基本步骤

（1）评估（图 5 - 8）：评估建筑物的组成结构及稳定性、危险性，并对营救过程中可能产生的安全问题等进行计算分析。了解废墟的结构组成，分析废墟构件静力学关系。

图 5 - 8　现场评估

（2）选点：选择具体位置（作业点）作业对营救幸存者非常重要。根据场地评估结果，选取更安全、救援时间更短、操作更便捷的位置作为作业点如图 5 - 9 所示。

（3）简易选材：根据作业点需求选择体积合适、轻便、安全可靠、易于操作且满足作业要求的作业工具。如铁锹、钢管、撬杠、斧子、手板锯、剪切钳、千斤顶等工具如图 5 - 10 所示。

图 5 - 9　选点

图 5 - 10　简易选材

（4）技能操作：根据作业点的情况采取相应的操作技能，如顶撑、支撑、破拆、移除等，如图 5 - 11 所示。通过对建筑物垃圾移除、建筑物的材料破拆、支撑稳定废墟构件等来创建营救空间的通道。通道创建过程中要随时评估其当前安全状况，并评估每做一步骤可能发生的变化。

（5）营救：通过创建安全通道抵达幸存者所处位置后，

(a) 支撑技能操作

(b) 顶撑技能操作

(c) 移除技能操作

(d) 担架制作技能

图 5 - 11　技能操作

应先对幸存者进行基本的生命维持和医疗处置。在确保幸存者安全通道周围没有危险因素后，根据幸存者所受伤情、所在位置选用不同的担架，最后缓慢救出幸存者，如图 5 - 12 所示。

(a)

(b)

图 5 - 12　营救

3. 营救注意事项

（1）现场采用最有效的方法，从简单到复杂实施营救。

（2）要指定一名总负责人（指挥人），统一指挥和管理全部营救工作。

（3）应指定一名安全员负责营救工作场地和营救过程中的安全。

（4）营救过程记录和场地的草图要予以保留。

4. 营救口诀

发现生命先补水，言辞激励送安慰；

清理口鼻头偏侧，呼吸通畅是原则；

臀部肩膀往外拖，不可硬拽伤关节；

废墟工作要轻巧，判明情况再下锹；

安全防护要做好，救人同时须自保。

第二节　营救的基本技能

一、移除技能

移除是指在创建营救通道过程中移开体积较大的障碍物和清理瓦砾。

（一）移除的基本原则

当移动被压埋人员周围的瓦砾时，需要有一定的方法和技巧，而且是一个渐进的过程，应遵循以下几点：

（1）确定建筑物的倒塌方式，评估废墟的稳定状况。

（2）移除废墟构建前必须评估其重量，评估其移走后的后果。

（3）先移走小的碎块，后移走那些可移动的大块。

（4）避免移动承重墙体结构。

（5）不要移动影响废墟或者瓦砾堆稳定性的构件。

（二）移除的方法

1. 提升并稳固重物

杠杆是在力的作用下能绕着固定点转动的硬棒，根据需要，杠杆可以是任意形状。杠杆是移除重物或提升重物最简单的方法，可用于移动、提升一个重量大且徒手搬不动的物体。

在废墟表层或周围可采用撬杠、圆木、钢管、钢丝、绳索等简单工具，结合手扒方法移除、清除埋压物，营救被埋者，如图 5 – 13 ~ 图 5 – 15 所示。

(a) 利用铁锹移除　　　　(b) 利用圆木营救

(c) 利用钢丝或绳索移除

图 5 – 13　当地基层人员配合专业队员利用简易就便器材移除

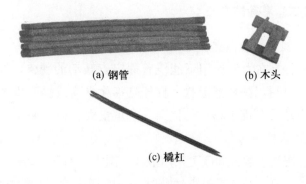

(a) 钢管　　　　　(b) 木头

(c) 橇杠

图 5-14　简易工具

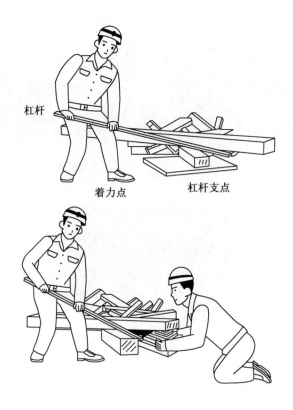

图 5-15　撬杠使用方法

2. 滚动重物

利用钢管、圆木移动物体（图5-16）步骤如下：

（1）用杠杆轻轻地撬起物体，在其下方放三根或四根钢管。

（2）用杠杆把物体向移动的方向前移，要注意钢管在滚动时很可能散开。

图5-16　滚动移除重物

3. 牵拉拖拽重物

牵拉拖拽重物主要用于重物的起吊、缓降或拖拽，是利用一个杠杆和齿轮传动系统及钢丝绳来拖拉重物[39]，如图5-17所示。

4. 吊车、挖掘机起吊重物

吊车、挖掘机是当今建筑工程中常用的施工机械，在灾害现场是比较容易获取的救援资源之一。压埋的受困者无法救出时，等专业救援队到达后，"第一响应人"可以配合专业救援队利用大型机械装备挖掘通道，移除瓦砾，结合简单的手扒方法营救被埋压者。

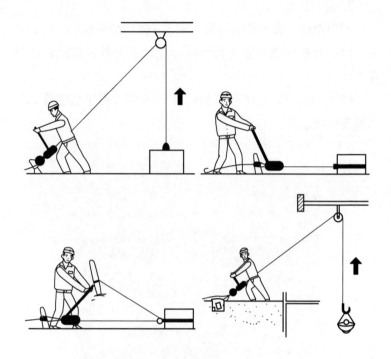

图 5 – 17　牵拉构造示意图

二、顶撑技能

顶撑技能是指对创建营救通道过程中遇到的可顶起的强度高且重量大的废墟构件，对其采取垂直、水平或其他方式顶撑的方法。

（一）顶撑类型

地震废墟或倒塌建筑物场地的顶撑主要有单支点顶撑和多支点顶撑两种。单支点顶撑是仅在一个位置（顶撑支点）进行顶撑。多支点顶撑是在被顶撑物的多个位置同时进行顶撑操作。

（二）顶撑操作分析（评估）与顶撑支点选择

（1）顶撑作业之前应该先了解废墟的结构组成，分析废墟构件静力学关系，然后再选择可靠的顶撑支点和适当的简易器材。

（2）顶撑要根据倒塌废墟的建筑结构类型、建筑材料与现状估算被顶撑物的重量，并要预估顶撑操作后的稳定状态。

（3）分析可选的顶撑位置、顶撑支点数量和顶撑距离，估算各点顶撑力的大小。

（三）顶撑操作程序

（1）评估被顶撑物的组成结构及稳定性，对顶撑受力分析。

（2）根据任务需求，确定顶撑类型、顶撑方法和顶撑设备。

（3）选择顶撑支点位置。

（4）准备顶撑设备。

（5）按设计操作步骤实施顶撑操作，并有专门的安全员监控安全情况。

（6）达到顶撑目标后，利用现场的木材或树等在顶撑支点处对被顶撑物进行支撑（图5－18）。

图5－18　简易千斤顶实操效果

（7）顶撑完成后，缓慢取出顶撑设备，开始营救（图5 - 19）。

图5 - 19　救出受困者

以下是几种常见的简易顶撑装备，在突发事件现场是容易获取的，如图5 - 20所示。

(b) 机械千斤　(b) 顶液压千斤顶　(c) 多功能千斤顶　(d) 维修车辆千斤顶

图5 - 20　常见的顶撑装备

（四）注意事项

（1）顶撑高度要根据幸存者、救援人员的体型来定，只要够担架和人员进出就可以。不要太高，越高越危险，如图5 - 21所示。

（2）顶撑点的选择一定要牢固、可靠，找准位置，图5 -

图 5-21　顶撑高度

22 所示的顶撑着力面没有找准位置，是一个错误示范；选好顶撑点，操作时随时在已支撑起的空间内填塞垫木如图 5-23 所示。

图 5-22　顶撑位置

图 5-23　"井"字支撑

三、破拆技能

破拆技术是指对创建营救通道过程中遇到的不能移动的建筑物废墟构件，或压在幸存者身体上的构件进行安全有效的切割、钻凿、剪断等操作的技能。破拆对象通常为倒塌废墟中的墙体、楼板、门窗等，其主要材料包括木材、金属、混凝土或砖墙、钢筋混凝土等建筑构件[39][41]。

（一）破拆方法

（1）切割：用砂轮锯、手板锯、锉刀等工具或设备将板、柱、管等材料分离或断开。

（2）剪断：用剪切钳、斧子、钢锯、焊枪等工具或设备将金属、钢筋、木材等材料分离或断开。

（3）凿破：用钻孔机、凿子、大锤、铁镐等工具或设备将楼板、墙体等物体分离或断开。

（二）破拆类型

根据破拆对象材质的不同，破拆操作可分为金属、木材、混凝土或砖墙、钢筋加固混凝土破拆4种类型。要合理选择破拆工具和最短可行破拆路径，如图5-24所示。

图5-24　破拆工具选择

1. 金属构件

建筑物金属构件有金属门窗、金属管线和建筑物构件中的钢筋等。当以拆除残存金属构件为目的时，主要采用切割、剪断方法。

主要工具有剪切钳、钢锯、锉刀、往复锯、锉刀等。

2. 木材破拆

废墟中的木质材料有门窗、家具及砖木结构建筑物等构件，如梁、柱、屋顶等。对倒塌废墟中的木材破拆主要采用锯割、钻凿等方法。

主要工具有斧子、手锯动力钻或者手工钻、链锯、往复锯等。

3. 混凝土墙、砖墙

对于完好或者破坏较少的直立墙体，可采用破拆方法创建水平安全通道，对于那些倒塌或者处于水平状态的构件，如混凝土板，可通过破拆创建垂直通道。

主要工具有大锤或小锤、凿子、镐、撬杠或者撬棍、钻孔机等。

4. 钢筋加固混凝土

钢筋混凝土构件有普通钢筋混凝土和预应力钢筋加强混凝土构件，其破拆方法也不相同。破拆前必须了解加固材料的状况和分布情况。如：切割预应力钢缆可能导致楼板或者结构的破坏。

主要工具有往复锯、钢锯、剪切钳、焊枪等。

（三）注意事项

（1）详细了解破拆工具的性能、用途和使用范围，正确选择和使用破拆工具。

（2）破拆尽量避开建筑物承重结构件，尽量避免破坏残存结构的整体性和稳定性。

（3）避免废墟碎块造成二次伤害。

（4）操作过程中做好个人安全防护。

（5）时刻观察现场结构是否发生变化。

（6）对被困者的心理干预。

（7）团队的指挥、协作。

四、支撑技能

在进行搜索和救援作业时，为了减少受困者和救援人员的危险，通常需要对那些局部受到破坏或者倒塌的结构做临时支撑。支撑技术就是把一些圆木或方木竖起来以加固门窗、墙或楼板等危险建筑物。其目的是防止已遭破坏的、不稳定的建筑物进一步倒塌，避免危及救援人员的安全。当采用支柱支撑时，需要专人对建筑物全程不间断地加以监测[39]。

（一）支撑遵循双漏斗原理

支撑首先集中被破坏结构的荷载，然后将荷载安全地传递到另一个能够承受这些荷载的、未受损的结构或牢固的表面上

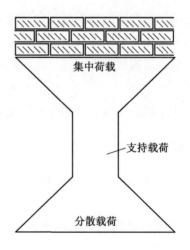

图 5-25　支撑原理

并重新分配压力，如图 5 - 25 所示。这种支撑方法像一个双向漏斗。

（1）被支撑物的荷载由漏斗收集，然后通过支撑结构分散到下面。

（2）支撑应当是被动的，不能对被支撑构件施加新的外力，更不要移动结构而造成突然破裂（支撑过高荷载的木柱可能穿透混凝土板）。

（二）支撑对象与原则

1. 支撑物体对象

（1）损坏的门、窗。

（2）损坏的局部楼板。

（3）有裂缝或者破坏的预制板。

2. 支撑原则

（1）支撑是防止已遭破坏的建筑物构件进一步倒塌，而不是使其构件恢复到原来的状况和位置。

（2）支撑是被动的承受损坏构件释放出来的荷载，任何使用外力使梁、柱、楼板或墙体恢复原位的做法都可能引起建筑物二次倒塌。

（3）支撑不是顶撑，避免对建筑物发生任何变动。

（4）救援支撑是一个临时的措施，为暴露在结构坍塌危险中的救援人员提供一定程度的安全保障。

（三）垂直支撑

垂直支撑是最常用的支撑方法，主要目的是稳定被破坏的楼板、天花板或房顶，也可以被用来代替倒塌的或不稳定的承重墙或柱子，如图 5 - 26 所示。主要部件包括垂直支柱、顶板、底板和楔子[39]。

(a)

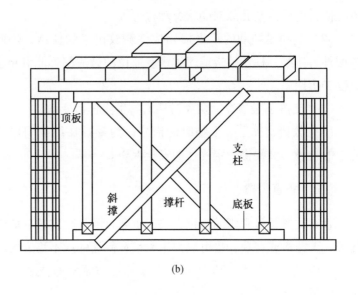

(b)

图 5 - 27　垂直支撑

垂直支撑参考原则：

（1）木料大小相同的情况下，垂直支柱越短，承载越大。

（2）在截面相等的情况下，正方形支撑柱要比矩形支撑柱强度大。

（3）支撑柱的两端应平行，这样才会使接触面与底板彻底吻合。

（4）支撑柱的承载能力都应比所支撑的荷载大，即留有一定的安全系数。

垂直支撑柱的间隔基本参数见表5－1。

表5－1　垂直支撑柱的间隔基本参数

支柱系统	高度/m	支柱间距/m	支撑能力/kg
100 mm×100 mm	2.4	1.8	3600
	3.0	1.5	2300
	3.6	1.2	1600
150 mm×150 mm	3.6	1.8	9000
	5.0	1.5	5500
	6.0	1.2	3400

（四）水平支撑

这是另一种利用支柱对不稳定结构开口进行支撑的方法，它把水平支柱切成适当的长度，再利用楔子挤压紧实以达到固定支撑的作用，如图5－28～图5－30所示。

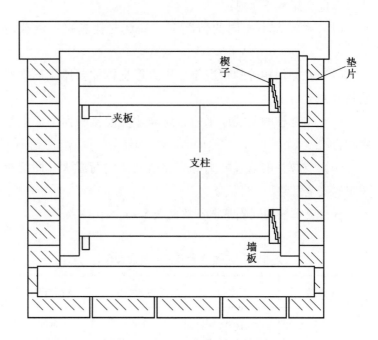

图 5-28　水平支撑

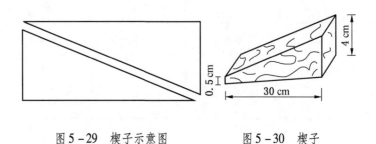

图 5-29　楔子示意图　　　　图 5-30　楔子

（五）支撑队的组成

如果人员足够，一个支撑队应该由两个6人小组成，一组负责支撑，另一组负责下料，制作基本支撑构件，如图5-31所示。要求每组都能胜任安装和切割，如果人员不足，可现场灵活统筹。

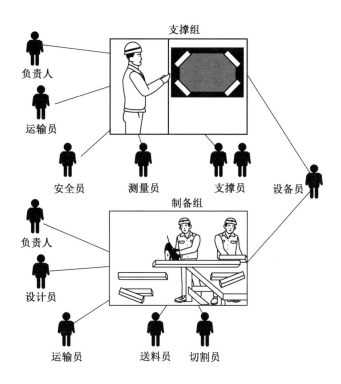

图 5-31　人员组成结构图

1. 支撑组

（1）负责人：负责任务的执行，并决定在什么位置建立支撑。如果没有指定安全负责人，那么他同时也得担任这个职务。

（2）测量员：测量支撑系统的所有组件，并把这些数据报告给制备组的设计人员。

（3）两个支撑员：清理障碍物，帮助测量，对支撑构件组装、检查并实施支撑。

（4）安全员：负责整个安装队的所有安全事项。

（5）运输员：确保工具、设备和支撑材料从支撑加工地点运到支撑现场，并帮助支撑员支撑。

2. 制备组

（1）负责人：负责选择切割地点，该地点应该靠近支撑装配地点，考虑到安全，要有两个切割负责人。

（2）设计员：搭建切割场地、准备材料、记录测量数据，负责所有测量和角度的设计，并与支撑组保持直接联系以保证设计的正确性。

（3）送料员：把已测量并标记过的支撑材料从设计人员处送到切割处，并保证切割安全。

（4）切割员：切割制作支撑的材料。

（5）设备员：指导材料和设备的安放与转移，并负责所有工具的正确使用。

（6）运输员：确保工具设备和支撑材料运送到支撑装配地点。

（六）钉子固定和连接板模式

支撑中一般要用连接板加以固定，根据支撑的具体方法和位置，选择不同的连接板模式，固定时建议将钉子钉成"梅花"状，如图 5 - 32 所示。

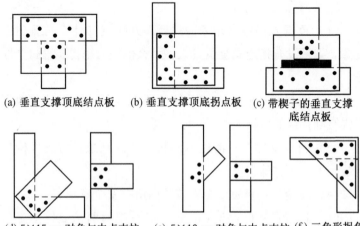

(a) 垂直支撑顶底结点板　(b) 垂直支撑顶底拐点板　(c) 带楔子的垂直支撑底结点板

(d) 5×15 cm 对角与中点支柱　(e) 5×10 cm 对角与中点支柱　(f) 三角形拐角结点板

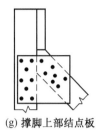 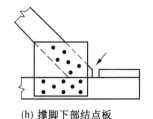 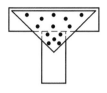

(g) 撑脚上部结点板　　(h) 撑脚下部结点板　　(i) 垂直支撑的
　　　　　　　　　　　　　　　　　　　　　　　三角形结点板

图 5-32　连接板示意图

（七）注意事项

（1）通常情况下，在垂直支撑中用到 10 cm×10 cm 和 15 cm×15 cm 两种尺寸的方木或圆木。根据估计的物体重量及其面积，可以帮助决定支撑材料的尺寸和它们所占的空间。

（2）墙板与墙之间、顶板与楼板或底板之间如有空隙，填充必要的材料以确保被支撑构件受力均匀。

（3）门、窗、楼板等被支撑空间越大，所用木料截面就越大。

（4）需专人对建筑物全程不间断地加以监测。

第三节　自　救　避　险

一、地震时如何避险

（一）不同场所避险

从发生地震到房屋倒塌，一般只有十几秒的时间，这就要求我们必须在瞬间冷静地做出正确的抉择。强震袭来时人往往站立不稳，如果一时逃不出去，最好就近找个相对安全的地方蹲下或者趴下，同时尽可能找个枕头、坐垫、脸盆、厚书本或双手抱住头部等护住头、颈部，待地震过后再迅速撤离到室外开阔地带[42]。

（1）在住宅（楼房和平房）：要远离外墙及门窗，可选择厨房、浴室等开间小、不易塌落的地方躲藏。躲藏的具体位置可选择桌子或床下，也可选择坚固的家具旁或紧挨墙根的地方，如图 5-33 所示。住楼房的千万不要跳楼！

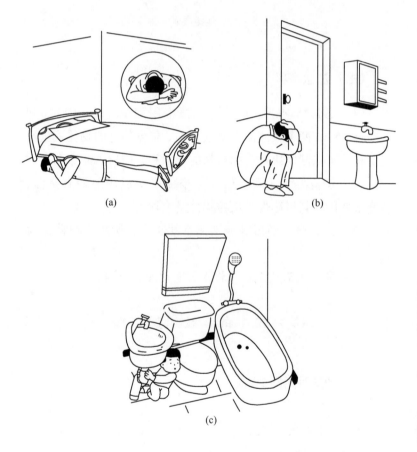

(a)   (b)

(c)

图 5-33 地震时安全躲避

（2）在教室：学生应用书包护头躲在课桌下或课桌旁，

地震过后由老师指挥有秩序地撤出教室。

（3）在工作间：迅速关掉电源和气源，就近躲藏在坚固的机器、设备或者办公家具旁。

（4）在商场、展厅、地铁等公共场所：躲在坚固的立柱或者墙角下，远离或躲开玻璃橱窗、广告灯箱、高大货架、大型吊灯等危险物。地震过后听从工作人员指挥有序撤离。

（5）在体育馆、影剧院：护住头部，蹲、伏到排椅下面。

（6）在车辆中：司机要立即驾车驶离立交桥、高楼下、陡崖边等危险地段，在开阔路面停车避震；乘客不要跳车，地震过后再下车疏散。

（7）在开阔地：尽量避开拥挤的人流，一家人要集中在一起，照看好老人和儿童，避免走失。

（二）特别提醒

（1）地震时，室外许多东西都可能成为致命"杀手"，必须高度提防。

（2）远离高层建筑、烟囱、高大古树等，特别要避开有玻璃幕墙的建筑物。

（3）躲开变压器、电线杆、路灯、高压线、广告牌等高处的危险物。

（4）躲开危房、危墙、狭窄的弄堂、修有高门脸和女儿墙的房屋、堆放很高的建筑材料等易坍塌的危险物。

（5）不要使用电梯。

二、自救互救

1. 自救（图5-34）

（1）被埋压人员要坚定自己的求生欲望及意志，消除恐惧心理。能自己逃出险境的，要尽快想办法脱离险境。

（2）被埋压人员不能自我脱险时，设法将手脚挣脱出来，清除压在自己身上的物体，特别是腹部以上的压物，等待救援。可以用毛巾、衣服等捂住口鼻，保持呼吸通畅，防止烟尘呛入窒息。

（3）被埋压人员要保持头脑清醒，不可大声呼救，以保存体力，等待救援。应利用一切办法与外界联系，可用石块敲击物体，或在听到外面有人时才呼救。

（4）被埋压人员应设法支撑可能坠落的重物，确保安全的生存空间，最好向有光线和空气流通的方向移动。若无力脱险，在可活动的空间里设法寻找食品、水，创造生存条件，耐心等待救援。

(a) 听到声音用敲击呼救

(b) 设法为自己包扎伤口

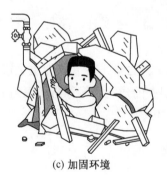
(c) 加固环境

图 5 - 34　自救

2. 互救

互救是指震后灾区已经脱险的人员、家庭和邻里之间的相互救助，是减少地震时人员伤亡的有效手段之一。"第一响应人"是互救的重要力量，应在互救中发挥重要作用。

（1）组织家庭、邻里互救。家庭人员和邻里熟知被埋压人员位置，可及时进行抢救。在救人中要注意听被困人员的呼喊、呻吟、敲击器物等声音。

（2）要根据房屋结构、发震时刻等特点，通过询问或倾听，确定被困人员位置后再行抢救，防止意外伤亡。

（3）救人时要先抢救被困于建筑物边缘或废墟表层的幸存者。

（4）地震时抢救目标应先是医院、学校、旅社、招待所等人员密集的地方。在抢救被埋压者的过程中，人们要密切配合，救死扶伤。

（5）要耐心观察，特别要留心倒塌物堆成的"安全三角区"。

（6）救援要讲究方法，首先应使被救者头部暴露，迅速清除口鼻内的尘土，防止窒息，再暴露胸腹部。要注意保护被埋压者周围的支撑物。若伤员不能自行出来，不能强拉硬拖。救援时可用小型轻便的工具，如铲、锤、凿、棍等。使用时注意安全，特别是在接近被困人员时，更应小心，不用利器硬挖。如一时无法救出，可以先输送流质食物，并做好标记，等待专业救援队员救援[42]。

三、其他灾害逃生

1. 山体塌方或滚石逃生

（1）遭遇山体坍塌时，首先一定要沉着冷静，不要慌乱，应迅速撤离到安全地点，要垂直于山体崩塌或滚石前进的方向跑。切记，不要在逃离时朝着塌方方向跑。

（2）当你无法继续逃离时，应躲避在障碍物下，或蹲在地坎、地沟里。要注意保护好头部，可利用身边的衣物裹住头部，如图 5-35 所示。

图 5 - 35　塌方躲避

2. 泥石流逃生（图 5 - 36、图 5 - 37）

（1）立即丢弃重物，尽快逃生。

（2）要迅速向垂直于泥石流卷来方向的两侧（横向）跑，如果自己身处沟底，千万不要顺沟方向往上游或下游跑，更不要在凹坡处停留。

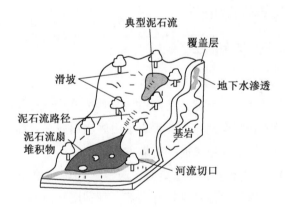

图 5 - 36　泥石流示意图

（3）在向两侧跑的同时，也可以观察山的两侧有没有制高点，向制高点跑，也就是呈"V"字形。

（4）不要上树躲避，也不要停留在陡坡土层较厚的低凹处或躲在滚石、乱石堆后面。

图5-37　泥石流逃离方法示意图

第六章 现场医疗急救技能

"第一响应人"作为最早能投入抢救的人员，在灾害救援的黄金时间内占据了"天时、地利、人和"等优势，如果具备科学的救援理念和急救基本技术，必将大幅度提高抢救成功率，降低伤残率、死亡率[43-44]。本章主要针对非专业救援人员可能在现场遇到的伤情，阐述"第一响应人"应该如何进行灾后初期的急救，介绍检伤分类原则及方法，常用救护技术包括基本生命支持、通气技术、止血、包扎、固定、搬运与后送、自身防护知识[45]。

第一节 检 伤 分 类

检伤分类（Triage）是选择、分类的意思。依据伤病员主客观数据，评估伤势危急程度，建立伤病员优先救治和转运的顺序，使急危重症伤病员得到立即的处置和转运，以减少病患死亡和残障的可能，并提高救治效率[46]。当发生大量人员伤亡的严重灾难事件时，在伤员众多而医疗资源不足的灾后救助现场，必须制定明确的准则，以决定伤者处置及送院的先后次序。

一、检伤分类的原则

检伤分类的目的是以有限的人力资源在最短的时间内救治最多的伤患。现场急救处理的原则是先救治危重伤、重伤，然后轻伤。现场检伤分类的原则主要有以下几点：

（1）优先救治病情危重但尚有存活希望的伤病员。

（2）对没有存活希望的伤病员放弃治疗并给予适当处置。

（3）检伤分类过程中只做简单、可稳定伤情的急救处理，不做过多消耗人力的处置。

（4）有感染征象的伤病员要及时隔离。

（5）伤情分类后要加强巡视工作，对经短时间复苏救治无效、出现严重并发症的危重伤员或出现病情恶化的重伤员，都要及时给予二次评估分类[47]。

二、START 检伤分类法

常用的检伤分类法以 START（S—Simple，简单；T—Triage，检伤分类；A—and，和；R—Rapid，快速；T—Treatment，治疗）为例说明[48]，如图 6-1 所示，包括对患者能否行走活动、呼吸、循环和意识方面的评估，是一种在灾害现场广泛使用的、快速、简单、使用方便、容易记忆、具有一致性

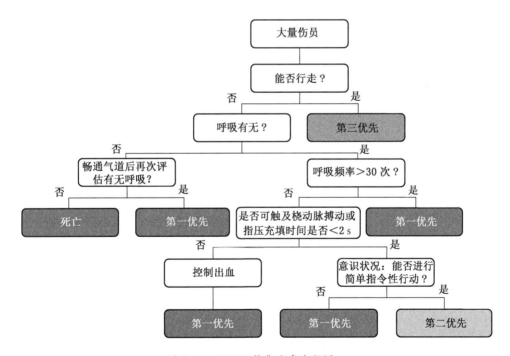

图 6-1　START 检伤分类流程图

119

的检伤分类方法。

进行初步检伤分类后，救援人员应立即给已受检的伤病员配置不同颜色的标识。按照国际规范，制订醒目、共识、统一的分类标识。这个标识也称为"标签"或"伤票"。统一采用红、黄、绿、黑4种颜色的标识，它们分别表示不同的伤情及获救的先后顺序。

（一）红色

（1）极高危，表示伤情十分严重，随时有生命危险，第一优先。

（2）须立即给予合理、可行的现场医疗救治，否则存活机会下降，甚至死亡。

（3）如呼吸骤停、气道阻塞、被目击的心脏骤停、头部受伤且意识昏迷、中毒窒息、活动性大出血、严重多发性创伤、大面积烧伤等。

（二）黄色

（1）危险，伤情严重，应尽早得到抢救，第二优先。

（2）转送顺序及医疗救治优先级仅次于极高危。

（3）生命体征稳定的严重损伤，如中度的出血、急性中毒、中度烧烫伤，开放性或多处骨折、不能自行走动的伤员。

（三）绿色

（1）轻微，可延后处理，第三优先。

（2）可以走动的伤员，不需要优先处置及后送。

（3）如小型挫伤或软组织损伤、小型或简单骨折、轻微受伤或未受伤。

（四）黑色

（1）已经明确死亡的病患。

（2）现场无法医治的严重外伤、心跳停止。

（3）如没有脉搏超过 20 min、躯干分离、内脏外脱者。

标识既表明该伤病员伤势病情的严重程度，同时也代表其应该获得救护、转运的先后顺序。标识一定要配置在伤病员身体的明显部位，以清楚明白地告知现场的救护人员，避免因现场忙乱、伤病员较多，以及抢救人员及装备不足等情况下，遗漏危重的"第一优先"的积极抢救；或者将有限的医疗资源抢救力量用在非急迫需要抢救的伤病员身上，而真正的急需者得不到优先处置。

三、检伤分类的一般通则

检伤分类示意图如图 6－2 所示。

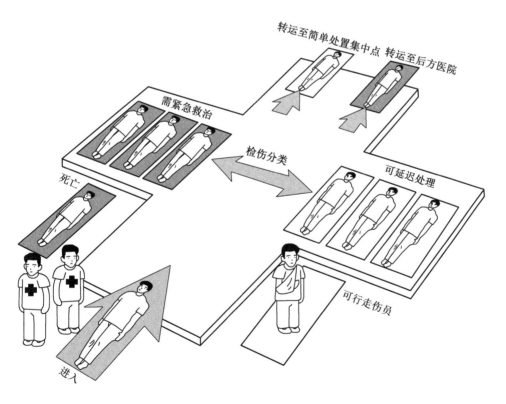

图 6－2 检伤分类示意图

（1）救援人员本身安全第一优先。

（2）遵循一个有系统的检伤路径，从最接近自己的伤员一路检伤下去，直到所有伤员检视完成。

（3）只要病患尚未得到最终的医疗救治，就须对伤员不断地进行检伤分类。

（4）旁观者也是可利用的人力资源。

（5）避免盲目转送。

第二节　基本生命支持

基本生命支持（Basic Life Support，BLS）又称初期复苏处理或现场急救[49]。其主要目的是采取措施，从外部支持病人的血液循环和通气，向心、脑及全身重要器官供氧，延长机体耐受临床死亡时间。

BLS的基本内容包括识别心脏骤停（Sudden Cardiac Arrest，SCA）、呼叫急救系统（Emergency Medical Service System，EMS）、尽早开始心肺复苏（Cardiac Pulmonary Resuscitation，CPR）、快速除颤（具体方法参考《2015 AHA 心肺复苏及心血管急救指南更新》[50-52]）。

一、识别心脏骤停

灾害现场发生心脏骤停，死亡率极高。一旦确定心脏骤停，应该马上进行心肺复苏，速度是心肺复苏成功的关键要素。对于非医学专业人员来说，心脏骤停的主要表现为：有无自发性呼吸、咳嗽及身体的自主运动。对于医学专业人员来说，心脏骤停的主要表现为：突然神志丧失、呼吸停止（停止前可有不规则的喘息）、颈动脉搏动消失。

（一）判断患者意识

重呼轻拍：患者突然倒地，在确定周围环境安全后，施救者应立即拍打患者的双肩并呼叫患者。若意识丧失，无反应，需进一步判断呼吸。

（二）判断呼吸和开放气道

判断呼吸时如口、鼻有异物，应将头侧位，清除口鼻腔异物。看胸部起伏、听口鼻呼吸声、感受呼吸气流同步实施，判断伤者呼吸状况（必要时反转体位）。

一看：看胸腹是否有呼吸运动起伏，如腹式呼吸、反常呼吸；

二听：听是否有呼吸声或者反常呼吸（如叹气、节律不规则）；

三感觉：用面颊感觉是否有呼吸气流。

（三）判断循环（触摸颈动脉搏动）

颈动脉位置：气管与颈部胸锁乳突肌之间的沟内。

判断方法：一手食指和中指并拢，置于患者气管正中部位，男性可先触及喉结，然后向一旁滑移 2～3 cm，至胸锁乳突肌内侧缘凹陷处。

二、呼叫急救系统

高声呼喊："快来人呀！救命啊！"

吩咐他人："快打急救电话120！"

注意：呼叫时一定要指定某人，并确定该人已去呼救。

表明身份："我是'第一响应人'！"

三、心肺复苏

心肺复苏流程图如图 6-3 所示。

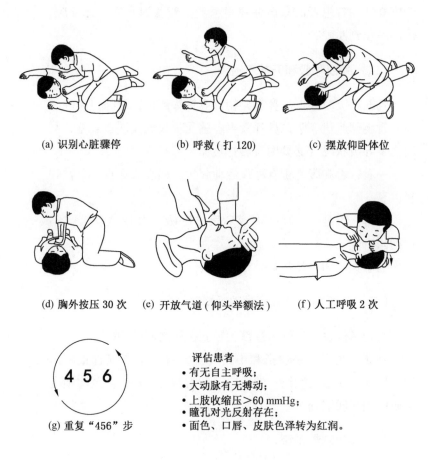

(a) 识别心脏骤停　　　(b) 呼救（打 120）　　　(c) 摆放仰卧体位

(d) 胸外按压 30 次　(e) 开放气道（仰头举额法）　　(f) 人工呼吸 2 次

(g) 重复"456"步

评估患者
- 有无自主呼吸；
- 大动脉有无搏动；
- 上肢收缩压＞60 mmHg；
- 瞳孔对光反射存在；
- 面色、口唇、皮肤色泽转为红润。

图 6-3　心肺复苏流程图

（一）胸外按压

1. 操作方法

（1）病人仰卧于硬板床或地上，头后仰，解开上衣和腰带。

（2）抢救者紧靠病人右侧，为确保按压力量垂直作用于病人胸骨，应根据个人身高及病人位置高低，采用脚踏凳或跪式等不同体位，两腿自然分开，使救护者的中线与患者肩线平齐。

（3）选择按压点。成人：取胸骨上 2/3 与下 1/3 交界点或两乳头连线中点作为按压点，如图 6 - 4 所示；婴幼儿：取双乳连线与胸骨垂直交叉点下方 1 横指作为按压点，如图 6 - 5 所示。

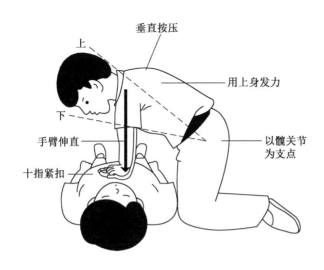

图 6 -4　成人正确按压姿势

（4）以一手掌根部置于按压点，手指上翘不接触胸部皮肤，另一只手叠加在该手上（双手平行），手指锁住，交叉抬起。两肩正对患者胸骨上方，两臂伸直，双肘关节伸直、固定，不得弯曲，肩、肘、腕关节呈一垂直轴面；以髋关节为轴，利用上半身的体重及肩、臂部的力量垂直向下按压胸骨。

（5）使用足够的力量压低胸骨至少 5 cm，然后突然松弛（手掌不能离开胸骨），让胸廓自行复位。如此有节奏地反复进行，按压与放松时间大致相等，频率为 100 ~ 120 次/min（按压频率与歌曲《你是我的小苹果》节奏相近）[53]。

（6）特别说明。幼儿：采用一手手掌下压；婴儿：采用

125

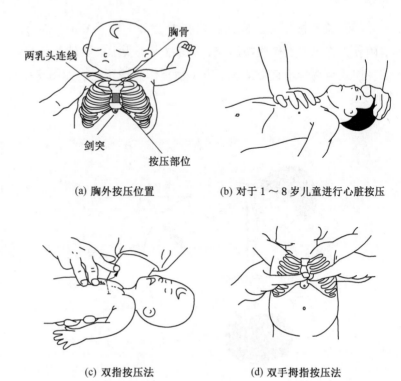

(a) 胸外按压位置   (b) 对于 1～8 岁儿童进行心脏按压

(c) 双指按压法   (d) 双手拇指按压法

图 6-5　婴幼儿按压位置及方法

环抱法，双拇指重叠下压或一手食指、中指并拢下压。下压深度至少为胸廓前后径的 1/3。

2. 注意事项

（1）按压部位要准确。

（2）按压姿势要正确。

（3）按压不应片刻中断。

（4）按压动作要稳健有力，均匀规则，重力应在手掌根部，着力仅在胸骨处。

（5）按压力要根据胸骨下陷深度来控制，避免用力过猛造成肋骨骨折，特别是对小儿。

（二）开放气道

病人仰卧，松开衣领、胸罩及裤带，头偏向一侧，手指清除口腔异物，然后用以下方法开放气道：

1. 仰头抬颏法

操作方法：病人仰卧，抢救者将一手掌小鱼际置于病人前额，用力向后压使头后仰，另一只手食指和中指置于下颌骨下方，将颏部向上抬起，如图6-6所示。

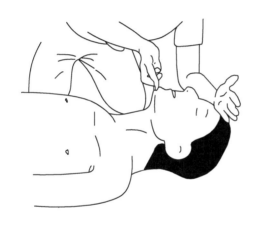

图6-6　仰头抬颏法

注意事项：头部应后仰至下颏、耳垂连线与地面垂直。

2. 仰面抬颈法

操作方法：病人仰卧，抢救者将一手掌小鱼际置于病人前额，用力向后压使头后仰，另一只手置于病人颈部下方，将颈部向上抬起，如图6-7所示。

注意事项：对怀疑有头、颈部外伤者禁用此法，以避免进一步损伤脊髓。

3. 托下颌法

操作方法：病人仰卧，抢救者位于病人头部，用双手将病人左右下颌角托起，使其头后仰，同时将下颌骨前移，如图6-8所示。

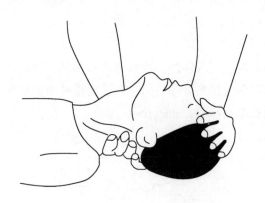

图6-7 仰面抬颈法

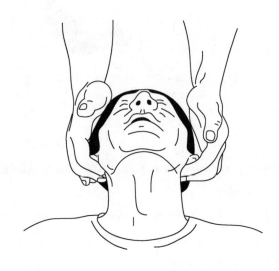

图6-8 托下颌法

注意事项：此法适用于怀疑有头、颈部创伤的伤病员。如果需要进行口对口呼吸，则将下颌持续上托。

（三）人工呼吸

人工呼吸是指用人工方法借外力来推动肺、膈肌或胸廓的活动，使气体被动进入或排出肺脏，以保证机体氧气的供给和二氧化碳的排出。口对口人工呼吸为呼吸复苏中最简单、及时、有效的方法。

1. 操作方法

（1）常选用仰头抬颏法开放病人气道。

（2）用置于前额上的拇指、食指捏紧病人的鼻孔。

（3）抢救者深吸一口气后，双唇包裹紧贴病人口部，用力吹气，使胸廓扩张。

（4）放松捏鼻孔的手指，气体自病人肺中排出，隆起的胸廓复原。

（5）重复以上步骤。

2. 注意事项

（1）吹气要有足够的气量，以使胸廓抬起，但不宜过度，吹气时防止过猛、过大，以免引起胃胀气。

（2）吹气时间宜短，约占一次呼吸周期的1/3。

（3）操作前，抢救者必须清除病人口腔中的异物、义齿、呕吐物等，以免影响人工呼吸效果。

（4）如病人牙关紧闭，可进行口对鼻人工呼吸，操作方法基本同上。对鼻孔吹气时，应将病人口唇闭紧，并且吹气时要用力，时间要长，以克服鼻腔阻力。

（5）对于婴幼儿，抢救者应给予患者口鼻同时吹气。

（6）人工呼吸的有效标志：病人胸廓有起伏，吹气后病人气道内有气体逸出。

注：胸外按压与人工呼吸频率之比：成人单人操作和双人操作均为30∶2，儿童单人操作为30∶2，双人操作为15∶2，此为一个循环。连续5个循环后，检查病人颈动脉搏动及呼吸状况，如没有恢复，应继续实施5个循环后再判断效果，如此

循环操作，如复苏持续 30 min 以上仍无心跳和自主呼吸，可考虑终止复苏。

四、电除颤

（一）定义

电除颤是以一定量的电流冲击心脏使室颤终止的方法。如果已开胸，可将电极板直接放在心室壁上进行电击，称为胸内除颤；将电极板置于胸壁进行电击，称为胸外除颤。在给予高质量心肺复苏的同时进行早期除颤是提高心脏骤停存活率的关键。

（二）选用理由

（1）室颤是引起心脏骤停最常见的致死性心律失常，在发生心脏骤停的病人中，约80%由室颤引起。

（2）室颤最有效的治疗是电除颤。

（3）除颤成功的可能性随着时间的流逝而降低，或除颤每延迟 1 min，成功率将下降7% ～10%。

（4）室颤可能在数分钟内转为心脏停搏。

（5）基本心肺复苏技术并不能将室颤转为正常心律。因此，尽早快速除颤是生存链中最关键的一环。

（三）自动体外除颤

由于医院使用的除颤设备难以满足现场急救的要求，20世纪80年代后期出现的自动体外除颤器为早期除颤提供了有利条件，使复苏成功率提高了2～3倍。

（四）电极部位

左右位（心尖—心底部）：一块放在左乳头外侧腋中线第五肋间；另一块放置在胸部右侧锁骨中线第二肋间，如图6 -

9 所示。

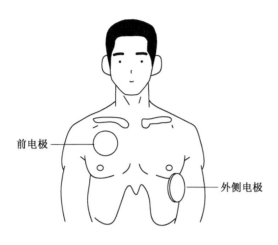

图 6-9　电极部位

前后位：胸骨除颤电极板放在左肩胛下区，心尖除颤电极板置于左乳头下（左腋前线第 5~6 肋间）。

（五）操作方法

一开：按下按钮，打开除颤器盖子，此时自动体外除颤器自动开启。

二贴：拉下把手，撕开电极片包装，按图示将电极片贴至患者胸部。

三除颤：除颤器将自动分析的结果，通过语音提示后自动除颤。

五、复苏指标

（一）复苏有效指标

触及大动脉搏动；自主呼吸恢复；意识恢复；散大的瞳孔回缩变小，对光反射恢复；颜面、口唇、皮肤由青紫变成红润；收缩压达 60 mmHg 以上。

（二）复苏终止指标

被救者已恢复自主呼吸和心跳；有专业医务人员接替抢救；医务人员确定被救者已经死亡；现场环境已不安全。心肺复苏进行 30 min 以上，检查被救者仍无反应、无呼吸、无脉搏、瞳孔无回缩（对触电、溺水等意外事故应适当延长抢救时间）。

第三节 通 气 技 术

灾害时受伤人员头、面、颈部常有损伤，伤员呈现痛苦貌、烦躁不安，或口腔有创伤所致的血液、血凝块、组织碎屑填塞等，脉快而弱。重型颅脑损伤者呈深度昏迷、呼吸受阻而有鼾声。

灾害现场急救人员可通过观察口唇颜色、胸部起伏，倾听呼吸时的异常声音，感受口鼻处气流强弱，判断受伤人员是否存在呼吸困难。对气道阻塞的伤员必须果断地做出决定，以最简单、最迅速的方式解除梗阻，予以通气，挽救伤员生命。常用的通气技术有手指掏出法、腹部冲击法、人工呼吸法、鼻咽通气管通气法等[54]。

一、手指掏出法

适用范围：口咽异物造成的气道堵塞。

操作方法："第一响应人"双手放在伤者头部两侧，将伤者的头偏向一侧，一手捏伤者下颌打开口腔，用另一手食指包裹纱布从上口角下部伸入伤者口咽，清除异物或取出活动假牙。

注意事项：颈部有损伤者禁用。

二、腹部冲击法

腹部冲击法也称海姆立克法，其原理为利用冲击腹部——膈肌下软组织，被突然的冲击，产生向上的压力，压迫两肺下部，从而驱使肺部残留空气形成一股气流。这股带有冲击性、方向性的长驱直入于气管的气流，就能将堵住气管、喉部的食物硬块等异物驱除，使人获救，如图 6 – 10a 所示。

适用范围：气管内异物造成的气道阻塞。

操作方法：一是成人"海姆立克急救法"，负伤人员取前倾立位，以拳头、椅背、扶手栏杆等物体抵住上腹部，连续向内向上冲击挤压；或者施救者两臂从后向前环抱负伤人员，呈弓步，使其臀部倚靠在施救者大腿上，上体前倾，施救者一手握拳置于脐上，另一手抓握拳头，连续快速向内向上冲击挤压上腹部，施压完毕立即放松手臂，然后再重复操作，直到异物被排出，如图 6 – 10b 所示。二是儿童"海姆立克急救法"，

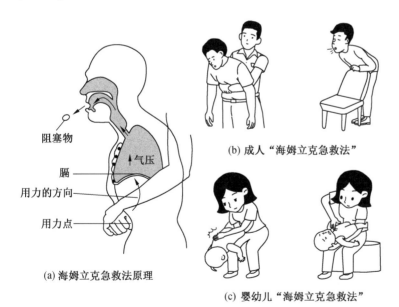

阻塞物

膈

用力的方向

用力点

↑气压

(a) 海姆立克急救法原理

(b) 成人"海姆立克急救法"

(c) 婴幼儿"海姆立克急救法"

图 6 – 10　海姆立克法

三岁以内的婴幼儿如果发生窒息，应先将婴幼儿面朝下放置在手臂上，手臂贴着前胸，大拇指和其余四指分别卡在下颌骨位置，另一只手在婴幼儿背上肩胛骨中间拍5次，然后观察异物有没有被吐出。如果没有吐出，立刻将婴幼儿翻过来，头冲下脚冲上，面对面放置在大腿上。一手固定在婴幼儿头颈位置，一手伸出食指和中指，快速压迫婴幼儿胸廓中间位置，重复5次之后将婴幼儿翻过来重复步骤一，直至将异物排出为止，如图6－10c所示。

注意事项：负伤人员胸腹部严重损伤时禁用此法。

三、人工呼吸法

人工呼吸法适用于所有呼吸、心脏骤停而尚未做气管插管的伤员和暂时无急救设备的情况。方法同上节。

四、鼻咽通气管通气法

适用范围：对昏迷伤员维持气道通畅，此法适用于专业人员。

操作方法：负伤人员取平卧位，头后仰；清除负伤人员鼻腔分泌物；测量鼻咽通气管插入长度，一般以鼻尖至耳垂的距离为宜；润滑管道；鼻咽通气管弯曲朝下，从一侧鼻孔插入，沿鼻中隔向内推送至测量的插入长度为止；检查管口是否有气流。

注意事项：及时清除鼻腔分泌物，防止发生误吸；置管过程中如遇阻力，则应更换另一侧鼻孔重新插入。

第四节　止　血　技　术

正常成人全身的血量占体重的7%～8%，体重60 kg的人，血量为4200～4800 mL。若失血量达10%（约400 mL），可能有轻度的头晕、交感神经兴奋症状或无任何反应；失血量达20%左右（约800 mL），会出现失血性休克的症状，如血压下降、脉搏细速、肢端湿冷、意识模糊等；失血量大于等于30%，伤员将发生严重的失血性休克，若不及时抢救，可在短时间内危及伤员的生命或发生严重的并发症。因此，在保证呼吸道通畅的同时，应及时准确地进行止血。创伤后出血一般分为外出血和内出血，外出血时血液流出体外，肉眼可见；内出血时血液流向体腔或组织间隙，不易被及时发现。现场急救止血主要适用于外出血，是对周围血管出血的紧急止血。

一、相关常识

（一）出血的部位

根据出血的伤口及流血的出入口判断其大致部位与损伤血管，以利于选择确实有效的止血措施。如颈部大出血，应先用指压法临时紧急止血，加压填塞止血；四肢大出血宜先行加压包扎止血，慎用止血带止血。

（二）出血的性质[55]

（1）动脉出血：血色鲜红，出血呈喷射状，出血速度快，危险性大。

（2）静脉出血：血色暗红，血流较缓慢，呈持续性，速度较慢，若伴有较大的伤口或创面时，不及时处理也可造成大出血，引起失血性休克。

（3）毛细血管出血：血色鲜红，但血从伤口渗出，常可自动凝固而止血，危险性较小。

（三）止血的原则

原则上应根据出血部位及现场具体条件选择最佳的方法，现场任何清洁且合适的物品都可临时用于止血包扎，如手帕、毛巾、布条等。动脉出血宜先采用指压法止血，根据情况再改用其他方法如加压包扎法、填塞止血法、屈曲肢体加垫止血法或止血带止血法。

二、常用的止血方法[56]

（一）指压法

指压法是用手指、手掌或拳头压迫伤口近心端动脉经过骨骼表面的部位，阻断血液流通，以达到临时止血的目的。适用于中等或较大动脉的出血，以及较大范围的静脉和毛细血管出血，如图 6-11 所示。常见部位的指压点及方法有以下几种：

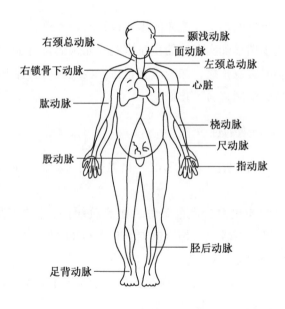

图 6-11　人体主要表浅动脉示意图

（1）头顶部出血：在伤侧耳前，对准耳屏上前方 1.5 cm处，用拇指压迫颞浅动脉，如图 6-12 所示。

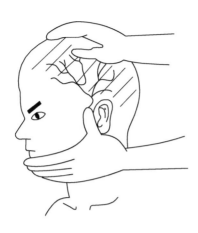

图 6 - 12　头顶部出血压迫止血法

（2）头后部出血：压迫同侧耳后乳突下稍往后的搏动点（耳后动脉），将动脉压向乳突。

（3）颜面部出血：压迫同侧下颌骨下缘、咬肌前缘的搏动点（面动脉），将动脉压向下颌骨，如图 6 - 13 所示。

图 6 - 13　颜面部出血压迫止血法

（4）头颈部出血：可用拇指或其他四指压迫同侧气管外侧与胸锁乳突肌前缘中点之间的强搏动点（颈总动脉），用力压向第五颈椎横突处，如图 6 - 14 所示。压迫颈总动脉止血时应慎重，绝对禁止同时压迫双侧颈总动脉，以防止因脑缺氧而昏迷，以及刺激颈动脉窦压力感受器致心脏骤停。

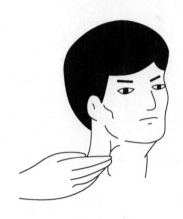

图 6 - 14　头颈部出血压迫止血法

（5）肩部、腋部出血：压迫同侧锁骨上窝中部的搏动点（锁骨下动脉），将动脉压向第一肋骨，如图 6 - 15 所示。

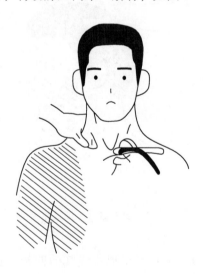

图 6 - 15　肩部、腋部出血压迫止血法

（6）上臂出血：外展上肢90°，在腋窝中点用拇指将腋动脉压向肱骨头。

（7）前臂出血：压迫肱二头肌内侧沟中部的搏动点（肱动脉），用拇指指腹将肱动脉压向肱骨干，如图6－16所示。

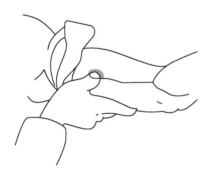

图6－16　前臂出血压迫止血法

（8）手部出血：压迫手腕横纹肌稍上处的内、外侧搏动点（尺、桡动脉），将动脉分别压向尺、桡骨，如图6－17所示。

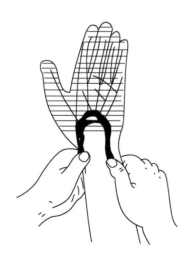

图6－17　手部出血压迫止血法

139

（9）大腿出血：压迫腹股沟中点稍下部的强搏动点（股动脉），可用拳头或双手拇指交叠用力将动脉压向耻骨上支，如图 6 - 18 所示。

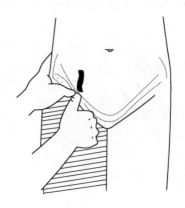

图 6 - 18　大腿出血压迫止血法

（10）小腿出血：在腘窝中部压迫腘动脉。

（11）足部出血：压迫足背中部近脚踝处的搏动点（足背动脉），或者足跟内侧与内踝之间的搏动点（胫后动脉），如图 6 - 19 所示。

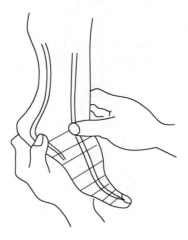

图 6 - 19　足部出血压迫止血法

（二）加压包扎法

体表及四肢出血,大多可用加压包扎(压迫不少于 10 min)和抬高肢体来达到暂时止血的目的,这是最常用的止血方法之一。此方法适用于小动脉和小静脉出血,效果较佳,如图 6 -20 所示。

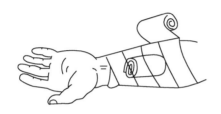

图 6 - 20　加压包扎法

（三）填塞止血法

填塞止血法是将无菌敷料填入伤口内压紧,外加敷料加压包扎（此法适用于专业人员）。

（四）屈曲肢体加垫止血法

屈曲肢体加垫止血法多用于肘或膝关节以下的出血,在无骨关节损伤时可使用,如图 6 - 21 所示。此法伤员痛苦较大,有可能压迫到神经、血管,且不便于搬动伤员,不宜作为首选方法,对怀疑有骨折或关节损伤的伤员不可使用。

（五）止血带止血法

止血带止血法适用于四肢较大动脉的出血,用加压包扎或其他方法不能有效止血而有生命危险时,可采用此方法。常用止血带种类有橡皮止血带、卡扣式止血带、气囊止血带、旋压式止血带等。

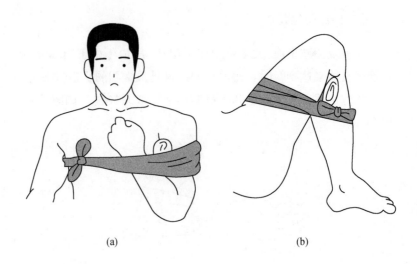

(a)   (b)

图6-21　屈曲肢体加垫止血法

（1）勒紧止血法：先在伤口上部用细带、带状布料或三角巾折叠成带状，勒紧伤肢扎两道，第一道作为衬垫，第二道压在第一道上适当勒紧止血。

（2）绞棒止血法：将叠成带状的三角巾平整地绕伤肢一圈，两端向前拉紧打活结，并在一头留出一小套，以小木棒、笔杆、筷子等做绞棒，插在带圈内，提起绞棒绞紧，再将木棒一头插入活结小套内，并拉紧小套固定。

（3）橡皮止血带（图6-22）止血法：在肢体伤口的近心端，用棉垫、纱布或衣服、毛巾等物作为衬垫后再上止血带。以左手的拇指、食指、中指持止血带的头端，将长的尾端绕肢体一圈后压住头端，再绕肢体一圈，然后用左手食指、中指夹住尾端从止血带下拉过，由另一端牵出，使之成为一个活结。如需放松止血带，只需将尾端拉出即可。

（4）卡式止血带止血法：伤员取仰卧位或侧卧位、坐位或半坐卧位，救护者呈跪姿或侧卧位于伤员出血肢体的同侧，便于在适当位置操作。先在出血处的近心端用纱布垫、衣服或

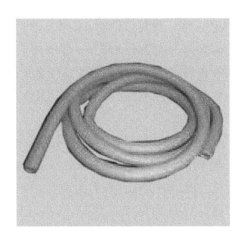

图 6 - 22　橡皮止血带

毛巾等衣物垫好后，将涤纶松紧带绕肢体一圈，然后把插入式
自动锁卡（图 6 - 23）插进活动锁紧开关内，一只手按住活动
锁紧开关，另一只手紧拉涤纶松紧带，直到不出血为止。放松
时用手向后扳放松板，解开时按压开关即可。

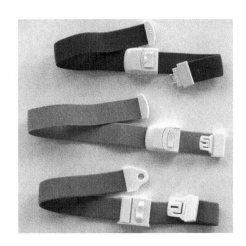

图 6 - 23　卡式止血带

（5）旋压式止血带止血法：将止血带置于伤口上方 5 ~ 10 cm，环绕肢体一周，将自粘带插入扣带环内；拉紧自粘带，反向粘紧，转动绞棒，直至出血停止；将绞棒卡入固定夹内，多余自粘带继续缠绕后，用固定带封闭；记录止血时间。旋压式止血带具有止血效果好、不易损伤皮肤、操作简单快捷等优点，适用于四肢大出血。

（6）充气止血带止血法：将袖带绑在伤口的近心端，充气后起到止血的作用（适用于专业人员）。充气止血带是根据血压计原理设计，由压力表指示压力的大小，压力均匀，效果较好且携带方便。

三、止血的注意事项

止血带止血是应急措施，但也存在危险，过紧会压迫损害神经或软组织，过松起不到止血作用，反而增加出血，过久会引起或加重肢端坏死、厌氧感染，甚至危及生命。使用时应注意以下几点：

（1）部位要准确：应扎在伤口近心端，尽量靠近伤口。

（2）压力要适当：控制在止血带压力表上的标准压力范围，无压力表时以刚好使远端动脉搏动消失为度。

（3）衬垫要平整：止血带不能直接扎在皮肤上，应先用棉垫、三角巾、毛巾或衣服等平整地垫好，避免止血带勒伤皮肤。

（4）时间要缩短：为避免肢体长时间缺血发生坏死，上止血带的时间不能超过 3 h。

（5）标记要明显：上止血带的伤员要在手腕或胸前衣服上扎个红色或白色布条做明显标记，注明上止血带时间，以便后续救护人员继续处理。

（6）放松要定时：使用中应每隔 1 h 适当放松 1 次，每次松开 2 ~ 3 min，再在稍高的平面上扎止血带，不可在同一平面反复缚扎，并严防止血带松脱。

（7）松解要谨慎：在松解止血带之前，要先输血输液，补充有效血容量，打开伤口前，先准备好止血器材。

（8）替代要合适：在没有自制式止血带的情况下，可选择合适的较宽而有弹性的替代品，止血带越窄，越容易造成神经和软组织的损伤，严禁用绳索、电线或铁丝做止血带。

第五节　包扎和固定

一、包扎

（一）包扎的目的

包扎的目的是保护伤口免受再污染，固定敷料、药品和骨折位置，压迫止血及减轻疼痛。

（二）包扎的原则

原则上，包扎之前要先覆盖创面，包扎松紧要适度，将肢体处于功能位，打结时注意避开伤口。

（三）包扎的步骤

面向伤员，取适合体位，先在创面覆盖消毒纱布，后使用绷带，左手拿绷带头，右手拿绷带卷，以绷带外面贴近部位，包扎时由伤口低处向上，由左向右，从下到上缠绕。

（四）常用的包扎方法

（1）环形法：适于头部，如图 6 - 24a 所示。

（2）螺旋法：适于粗细较均匀处，如臂、腿，如图 6 - 24b 所示。

（3）螺旋反折法：适于粗细不均匀处，如腕部、踝部，如图 6 - 24c 所示。

145

（4）"8"字带法：适于关节部位、肩膀，如图6-24d所示。

（5）蛇形包扎法：用于夹板外固定。

（6）四头带法：适于小的、凸起部位（耳郭、下颌、鼻尖、膝肘关节、脚后跟等）。

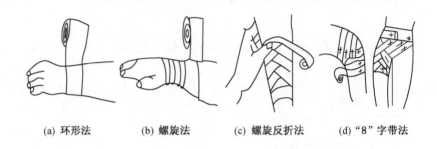

(a) 环形法　　　(b) 螺旋法　　　(c) 螺旋反折法　　　(d) "8"字带法

图6-24　包扎常用方法

（五）包扎的注意事项

（1）包扎伤口前，先充分暴露伤口，判断出血性质，简单清创并覆盖灭菌敷料或干净纱布，然后再进行一般包扎或加压包扎。

（2）操作要禁忌：用手和污染物触摸伤口；用水冲洗伤口（化学伤除外）；轻易取出伤口内异物；脱出体腔的内脏送回。

（3）对于四肢开放性骨折，外露部分不要强行塞回，而应原位加敷料覆盖后包扎，并做临时固定。

（4）包扎要牢靠，松紧适宜，过紧会影响局部血液循环，过松容易使敷料脱落或移动。

（5）包扎时使伤员的位置保持舒适，皮肤皱褶处与骨突处要用棉垫或纱布做衬垫；包扎的肢体必须保持功能位置。

（6）包扎方向为自下而上、由左向右、从远心端向近心端，以帮助静脉血液回流。包扎四肢时，应将指（趾）端外露，以便观察血液循环。

（7）绷带固定时的结应打在肢体的外侧面，严禁在伤口上、骨隆突处或易于受压的部位打结。

（8）解除绷带时，先解开固定结或取下胶布，然后以两手互相传递松解。紧急时或绷带已被伤口分泌物浸透干涸时，可用剪刀剪开。

（9）操作时小心谨慎，包扎动作要轻柔，以免加重疼痛或导致伤口出血及污染。

二、固定

（一）固定的目的

固定的目的是为减少伤部的活动，减轻疼痛，防止再损伤，便于伤员的搬运。

（二）固定的原则

原则上，所有的四肢骨折均应进行固定，脊柱损伤、骨盆骨折及四肢广泛软组织创伤在急救中也需要固定。

（三）固定的常用器材

灾害条件下，固定器材最理想的是夹板，有木质的或金属的，还有充气性塑料夹板或树脂做的可塑性夹板。紧急情况下，还可直接用伤员的健侧肢体或躯干进行临时固定。固定还需另备纱布、绷带、三角巾或毛巾、衣服等。

（四）常用的固定方法[57-58]

1. 颅骨骨折固定

一般不需特殊固定，将头稍抬高，再将沙袋或布类放在头的两侧，避免转运中来回晃动。

2. 锁骨骨折固定

用敷料或毛巾垫于两腋前上方，将三角巾叠成带状，两端分别绕两肩呈"8"字形，拉紧三角巾的两头在背后打结，并尽量使两肩后张（图6-25）。也可在背后放一"T"字形夹板，然后在两肩及腰部各用绷带包扎固定。一侧锁骨骨折，可用三角巾把患侧手臂悬兜在胸前，限制上肢活动即可。

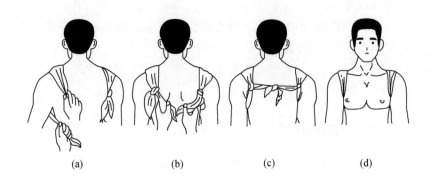

(a)   (b)   (c)   (d)

图6-25 锁骨骨折固定

3. 上臂骨折固定

用长、短两块夹板，长夹板置于上臂的后外侧，短夹板置于前内侧，然后用绷带或带状物在骨折部位上、下两端固定，再将肘关节屈曲90°，使前臂呈中立位，用三角巾将上肢悬吊固定于胸前。在无夹板的情况下，也可用两块三角巾，第一块三角巾将上臂呈90°悬吊于胸前，于颈后打结，第二块三角巾叠成带状，环绕伤肢上臂包扎固定于胸侧（用绷带根据同样原则包扎也可取得相同效果）。

4. 前臂骨折固定

协助伤员屈肘90°，拇指在上。取两块合适的夹板，其长度超过肘关节至腕关节的长度，分别置于前臂的内、外侧，然后用绷带或带状三角巾在两端固定，再用三角巾将前臂悬吊于胸前，置功能位。

5. 大腿骨折固定

把长夹板或木板、扁担（长度等于腋下到脚跟）放在伤肢外侧，另用一块夹板（长度自足跟到大腿根部）放在伤肢内侧，关节与空隙部位加棉垫，用绷带、带状三角巾或腰带等分段固定，足部用"8"字形绷带固定，使脚与小腿呈直角，如图6-26所示。

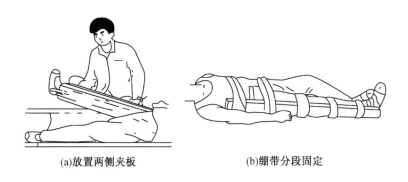

(a)放置两侧夹板　　　　　　(b)绷带分段固定

图6-26　大腿骨折固定

6. 小腿骨折固定

取长短相等的夹板（长度自足跟到大腿）两块，分别放在伤腿的内、外侧，然后用绷带或带状三角巾分段固定。紧急情况下无夹板时，可将伤员的两下肢并紧，两脚对齐，然后将健侧肢体与伤肢分段用绷带固定在一起，注意在关节和两小腿之间的空隙处加棉垫或其他软织物，以防包扎后骨折部弯曲，如图6-27所示。

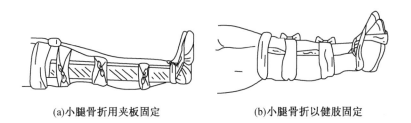

(a)小腿骨折用夹板固定　　　　　(b)小腿骨折以健肢固定

图6-27　小腿骨折固定

7. 颈椎骨折固定

伤员应保持水平仰卧位,颈部加垫子,头两侧放沙袋,由专人保护头部,两拇指放在两耳侧,其余8个手指放在伤员枕部,搬动时与人体保持同一水平位并略向头顶方向牵引,如图6-28所示。

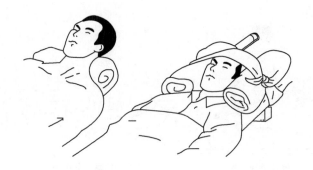

图6-28 颈椎骨折固定

8. 脊柱骨折固定

脊柱骨折的固定必须先准备硬板或铲式担架放在伤员身边,并在骨折相应部位放上垫子,然后由3~4人站在伤员的同侧,双手分别放在伤员的肩、背、腰、臀、大腿、小腿等部位,一起用力,水平位抬上硬板或铲式担架上。

伤员在转运中必须用宽布带将伤员的肩部、膝关节、髋关节、踝关节处与木板捆在一起,以防止加重脊柱损伤,如图6-29所示。

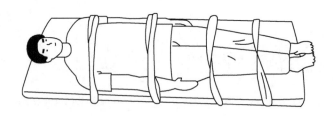

图6-29 脊柱骨折固定

（五）固定的注意事项

（1）骨折合并心跳、呼吸骤停时，先进行心肺复苏，再做骨折固定；若有伤口和出血，应先止血、包扎，然后再固定骨折部位；若有休克，应先进行抗休克处理。

（2）开放性骨折应先包扎伤口，再固定骨折，包扎时骨折断端不能回纳进组织内，以免损伤血管、神经和肌肉，增加污染。

（3）夹板固定时，宽窄长短要适宜，长度必须超过骨折肢体的上、下两个关节。

（4）夹板不能与皮肤直接接触，必须用棉花或布类做衬垫，尤其应注意垫衬骨突、关节和夹板的两端，以防局部组织压迫坏死。

（5）固定时松紧要适当，过松达不到固定的目的，过紧会影响血液循环，甚至肢体坏死。

（6）固定时手指、脚趾要暴露在外面，便于观察末梢循环，如出现苍白或发绀，手指、脚趾冰冷，摸不到肢端血管搏动，则说明固定太紧，必须解开重新固定。

（7）四肢骨折固定时，应先固定骨折断端的上端，再固定其下端，以防断端错位。

（8）固定后应避免不必要的搬动，不可强制伤员进行各种活动。

第六节 搬运与后送

一、相关常识

（一）搬运与后送的目的[59]

使伤病员能迅速得到医疗机构的及时抢救治疗；及早离开

受伤现场，以免延误抢救治疗时机，并可防止再次受伤。

（二）搬运的原则

（1）搬运前应先进行初步的急救处理。

（2）搬运时要根据伤情灵活地选用搬运工具和搬运方法。

（3）根据伤情，注意搬运的体位和方法，动作要轻而迅速，避免震动，尽量减轻伤员的痛苦，并争取在短时间内将伤员送往医院进行抢救治疗。

（三）搬运的常用工具

常用器械有帆布担架、绳网担架、板式担架、铲式担架、四轮担架等。应就地取材，采用简易担架，如椅子、门板、毯子、衣服、绳子、梯子等。

二、搬运的常用方法

（一）担架搬运法

担架搬运法是最常用的搬运方法，适用于病情较重、搬运路程较远又不适宜徒手搬运的病人。搬运时由 3～4 人组成一组，将伤员移上担架，使伤员头部向后、足部向前，这样后面抬担架的人可以随时观察伤员的情况。抬担架的人脚步行动要一致，前面的迈左脚，后面的迈右脚，平稳前进，如图 6-30 所示。往高处抬时（如上台阶、上桥、上山），前面的人要放低，后面的人要抬高，以使伤病员保持水平状态；向低处抬时则相反。

（二）徒手搬运法

在现场无担架、转运路程较近、伤员病情较轻时，可以采用徒手搬运法。徒手搬运法有下列三种：

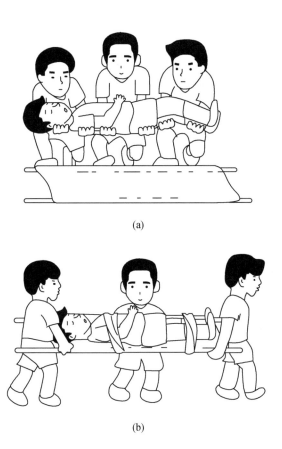

(a)

(b)

图 6 - 30 担架搬运

1. 单人徒手搬运[60]

（1）抱法：伤员神志清楚，不能行走，如胸、腹部受伤。搬运者站于伤员一侧，一手托其背部，一手托其大腿，将伤员抱起，如图 6 - 31a 所示。

（2）扶法：伤员神志清楚，能行走，如头部轻伤或上肢受伤。搬运者站在伤员一侧，让伤员靠近他的一臂并揽着自己的头颈，然后搬运者用外侧的手牵着伤员的手腕，另一手伸过伤员的背部扶持他的腰，使其身体略靠着搬运者扶行，如图

6 – 31b 所示。

（3）背法：伤员一般情况好，生命体征平稳，但不能行走，如背部、足部受伤。搬运者站在伤员的前面，与伤员同一方向，微弯背部，将伤员背起，如图 6 – 31c 所示。

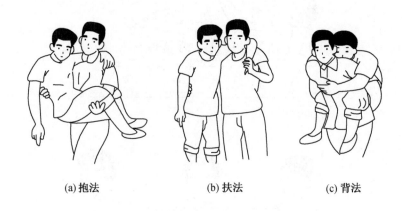

(a)抱法　　　　　　　(b)扶法　　　　　　　(c)背法

图 6 – 31　单人徒手搬运

2. 双人搬运

（1）座椅式搬运法：一人以左膝、另一人以右膝跪地，各用一手伸入伤员的大腿下面并互相紧握，另一手彼此交替支持伤员的背部，如图 6 – 32a 所示。

（2）拉车式搬运法：一名搬运者站在伤员的头部，以两手插到其腋前，将伤员抱在怀里，另一人抬起伤员的腿部，跨在伤员两腿之间，两人同方向步调一致抬起前行，如图 6 – 32b 所示。

（3）平托或平抱搬运法：两人并排将伤员抱起，或者一前一后、一左一右将伤员平托起，如图 6 – 32c 所示。此方法不适用于脊柱损伤者。

3. 三人搬运或多人搬运

三人可并排将伤员抱起，齐步一致向前。6 人可面对面站立，将伤员平抱后进行搬运，如图 6 – 33 所示。

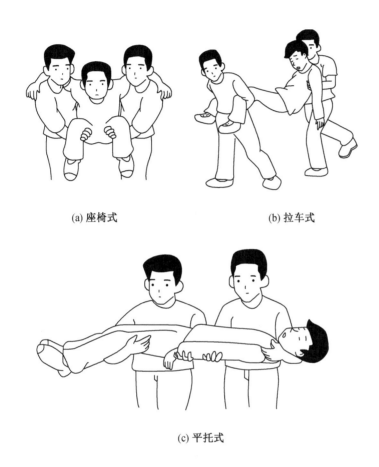

(a) 座椅式　　　　　　　　　　(b) 拉车式

(c) 平托式

图 6 - 32　双人搬运法

（三）车辆搬运

车辆搬运受气候影响小，速度快，能及时送到医院抢救，尤其适合较长距离运送。轻者可坐在车上，重者可躺在车里的担架上。重伤患者最好用救护车转送，缺少救护车的地方可用汽车运送。上车后，胸部伤员取半卧位，颅脑伤者应把头偏向一侧。

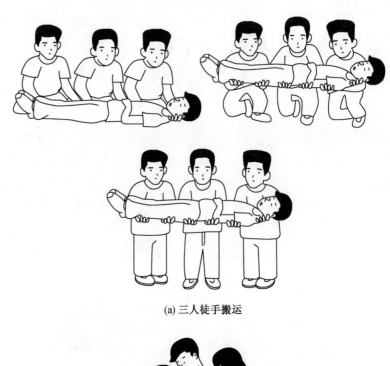

(a) 三人徒手搬运

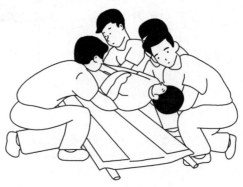

(b) 多人搬运

图 6-33　三人搬运和多人搬运

（四）特殊伤员的搬运方法

（1）腹部内脏脱出的伤员：将伤员双腿屈曲，腹部放松，防止内脏继续脱出。已脱出的内脏严禁回纳入腹腔，以免加重污染，应先用大小合适的碗扣住或取伤员的腰带做成略大于脱出物的环，围住脱出的内脏，然后用三角巾包扎固定。包扎后取仰卧位，屈曲下肢，并注意腹部保温，防止肠管过度胀气。

（2）昏迷的伤员：使伤员侧卧或俯卧于担架上，头偏向一侧，以利于呼吸道分泌物的引流。

（3）骨盆损伤的伤员：先将骨盆用三角巾或大块包扎材料做环形包扎后，让伤员仰卧于门板或硬质担架上，膝微屈，膝下加垫。

（4）脊柱、脊髓损伤的伤员：搬运此类伤员时，应严防颈部与躯干前屈或扭转，应使脊柱保持伸直。对于颈椎伤的伤员，要由3~4人一起搬运，1人专管头部的牵引固定，保持头部与躯干呈一直线，其余3人蹲在伤员的同一侧，2人托躯干，1人托下肢，同时起立将伤员放在硬质担架上，然后在伤员的头部两侧用沙袋固定；对于胸、腰椎伤的伤员，搬运的3人要同在伤员的右侧，1人托住背部，1人托住腰、臀部，1人抱住伤员的两下肢，同时起立将伤员放到硬质担架上，并在腰部垫一软枕，以保持脊椎的生理弯曲。

（5）身体带有刺入物的伤员：应先包扎好伤口，妥善固定好刺入物才可搬运。搬运途中避免震动、挤压、碰撞，以防止刺入物脱出或继续深入。刺入物外露部分较长时，应有专人负责保护刺入物。

（6）颅脑损伤的伤员：使伤员取半卧位或侧卧位，保持呼吸道通畅，暴露的脑组织要先加以保护，并用衣物将伤员的头部垫好，防止震动。

（7）开放性气胸的伤员：搬运封闭后的气胸伤员时，应使伤员取半坐卧位，以座椅式双人搬运法或单人抱扶搬运法为宜。

三、搬运的注意事项

（1）搬运过程中，动作要轻巧、敏捷，步调一致，避免震动，以减轻伤病员的痛苦。

（2）应根据不同的伤情和环境采取不同的搬运方法，避免再次损伤及由于搬运不当造成的意外伤害。

（3）搬运过程中，应注意观察伤病员的伤势与病情变化，严密监测各项生命体征，确保气道通畅。发生呼吸、心脏骤停时，应立即就地抢救。

延伸阅读 >>>

灾害现场的自身防护

救援人员理解并且采取一些基本防护措施保护自己是非常重要的问题。若因为救援人员没有遵从基本的安全程序而生病或者受伤，将增加整个现场行动的负担。救援人员在对他人实施救助的时候，往往身处被烟雾、垃圾、危险品甚至生物毒剂污染的环境中。救援人员必须理解并在救援过程中十分注意以下方面：

（1）掌握基本卫生常识。

（2）完善个人防护装备。

（3）保证自身营养和水的供给。

（4）明白周围环境对自己的影响，如冷、热和日照等。

（5）适当使用防晒霜和驱虫剂。

（6）注意压力过大的警报信号。

（7）关注细小的外伤。

（8）有规律的休息，保持充沛体能。

与搜救幸存者的紧急程度相比，这些看上去很微不足道，但事实不是这样的。假如很多救援人员生病、受伤或是压力过大，对整个救援队的影响将是破坏性的。

灾后疾病防疫

灾害发生后环境恶劣，情况复杂，卫生条件差，容易产生疾病，因此灾区民众的"衣食住行、吃喝拉撒"需要从严把关。不吃被污水浸泡过的东西；饮用水用漂白剂等处理后再把水煮沸，不可以喝生水；对于动物尸体，要掩埋焚烧及时处理；对于人畜的粪便要及时掩埋，垃圾、污水、淤泥也要及时处理；注意保暖，衣物要保持干爽；出现皮肤炎症，可以使用常用皮肤类药物进行处理；一旦出现拉肚子的情况，应该及时就医。

灾后可能发生的常见疾病有皮肤病、一般细菌性痢疾、伤寒、流行性乙型脑炎、鼠疫、霍乱、炭疽、钩端螺旋体病、登革热等，这些疾病都是可预防、可治疗的。一旦发生疾病要及时就医，当有群体性疾病发生时要立即上报卫生行政部门和政府部门。

了解一般疾病的发生和传播就不至于惊恐，"第一响应人"要带领群众科学预防疾病；不信谣、不恐慌，科学合理地参与灾后自救与救援。疾病预防口诀："勤洗手、吃熟食、喝开水、埋垃圾、加衣服、防蚊虫、早就医"。

第七章 应急物资储备与现场就便器材的利用

本章围绕日常的应急物资储备与现场就便器材两个方面，主要介绍了"第一响应人"应急物资储备、现场救援就便器材的利用与寻找、现场器材的管理、简易工具的利用和制作等内容，以便"第一响应人"协助基层组织或团体做好应急装备物资储备，并在没有应急装备物资储备的情况下利用现场资源实施救援。

第一节 "第一响应人"的应急物资储备

一、联合国"第一响应人"救援装备物资介绍

联合国 INSARAG 编写的《国际搜索与救援指南》中建议的"第一响应人"装备包括基本工具、防护装备和消耗品。建议在基层组织中建设"第一响应人"装备存储处，装备存储处应当放置在一个合适的位置，以方便救援工作开展，平时可以用于培训。

联合国建议的"第一响应人"装备配置能够满足一般的救援需求，该配置分为 6 个模块（表 7 – 1）[61]，其中 4 个是必要的，两个是可选的，政府和组织可以根据实际情况和自身能力选择更多的设备和工具，建立自己的"第一响应人"装备物资。

表7-1　联合国建议的"第一响应人"装备配置模块

模　块	设　备　和　工　具
信息管理 （必配）	当地地图（Maps of Local Area）、A1 纸张（A1 Paper Sheets）、笔/记号笔/铅笔（Pens/Marker Pens/Pencils）、记事本（Note Books/Note Pads）、手持罗盘（Hand—held Compasses）、建议带 GPS 功能的相机（Camera, GPS if possible）、全球定位设备（GPS Device）、望远镜（Binoculars）、警报装置（Air Horn, warning device）
手动工具 （必配）	大锤（Sledge Hammers）、中锤（Club Hammers）、羊角锤（Claw Hammers）、木头切割锯（Wood Cross—cut Saws）、金属锯（Metal Hack Saws）、木弓锯（Timber Bow Saws）、撬棍（Pry Bars）、抬升棍（Lifting Bars）、铁棍（Steel Rollers）、手推车（Wheel Barrows）、尺子（Tape Measures）、记号铅笔（Marking Pencils）、铅锤（Plumb Bob）、Bolster、加强凿子（Chisels）、冲击凿子（Impact Chisels）、螺栓切割（Bolt Croppers）
衣服和个人 防护装备 （必配）	头盔/安全帽（Helmets/Hard Hats）、护目镜/眼镜（Safety Goggles/Glasses）、手套/防割手套（Work/Safety Gloves）、口罩（Dust Masks）、防护靴（Work/Safety Boots）、工作服（Overalls）、手电（Hand Torches）、工具刀（Pocket Knives）、工作背包（First Aid Kits/Packs）
耗材消耗品 （必配）	电池（Torch Batteries）、发电机燃料（Fuel for Generator）、100 mm 圆钉子（100 mm Round Nails）、50 mm 钉子（50 mm Round Nails）、清洁材料（Cleaning Materials）、维护耗材（Maintenance Supplies）
	木材（Timber）：圆木柱子 – 直径 150 mm（Timber Round Posts – 150 mm dia）,3 m × 100 mm^2 木头(Timber 100 mm sq. × 3 m）、1 m × 100 mm^2 木头支架（Timber Cribbing 100 mm sq. × 1 m）、50 mm × 100 mm^2 木头块（Timber Blocks 100 mm sq. × 50 mm）、胶合板（Plywood Sheets）、木楔子（Timber Wedges）
绳索救援 （选配）	50 m 聚酯绳（Polyester Rope × 50 m）、10 m 聚酯绳（Polyester Rope × 10 m）、滑轮（Pulleys）、30 m 聚酯绳（Polyester Rope × 30 m）、钩环（Karabiners/Steel Links）、环索（Fibre Strops）
机械/电动工具 （选配）	110 V 发电机（Generator 110 V）、线滚子（Electrical Extension Cables）、强光灯（Floodlights）、千斤顶（Vehicle Jacks）、绞盘（Come—Along or Winch）、20 m 绞盘线（Winch Cable × 20 m）

延伸阅读 >>>

国家级物资储备库的介绍

在应急物资储备方面，民政部原规划在全国建设24个中央级的救灾物资储备库，截至2017年已建设两批共19个物资储备库，即北京、天津、沈阳、哈尔滨、合肥、福州、郑州、武汉、长沙、南宁、成都、昆明、拉萨、渭南、兰州、西宁、格尔木、乌鲁木齐、喀什。目前中央救灾物资储备有三大类17个品种，包括帐篷、棉大衣、棉被、睡袋、折叠床、折叠桌椅、简易厕所、场地照明设备、苫布、炉子和应急灯等生活类救灾物资。

此外，除上述中央救灾物资储备库外，民政部在全国建设了省级救灾物资储备库和省级分库60个，地级库240个，县级库2000余个的储备网络，各级储备点已经覆盖全国92.7%的地市和80%的乡镇（县），初步形成集储备、调运、接收、发放、回收等功能为一体的应急物资保障体系，确保自然灾害发生12 h之内受灾群众基本生活得到初步救助。

为提高应急救灾能力，保障受灾人员基本生活，进一步规范中央救灾物资储备、调拨及经费管理，民政部、财政部制定了《中央救灾物资储备管理办法》。中央救灾物资由民政部根据救灾需要商财政部后，委托有关地方省级（包括各省、自治区、直辖市以及新疆生产建设兵团，下同）人民政府民政部门定点储备。担负中央救灾物资储备任务的省级人民政府民政部门为代储单位。中央救灾物资坚持定点储存、专项管理、无偿使用的原则，不得挪作他用，不得向受灾人员收取任何费用。

二、基层"第一响应人"装备物资配备建议

作为基层"第一响应人",所在社区、单位或组织如果有条件可以配备储存一定数量的装备物资,并建设一个简易库房。鼓励有条件的企事业单位、公司、团队等储备一定的装备物资,平时可利用这些装备物资进行培训、训练和演练,提高个人技能,灾害来临时也可以开展救援,提高救援效率。

根据联合国给出的"第一响应人"装备物资清单,结合中国的实际情况及现场的工作经验,本书给出了"第一响应人"装备物资配备建议清单,见表7-2,可满足10~20人的"第一响应人"队伍,可根据本地实际情况进行增减数量。

表7-2　装备物资配备建议清单

序号	类别	名称	数量	单位	备注
1-1		安全帽/头盔	10	顶	
1-2		手套/防护手套	10	双	
1-3		眼镜/护目镜	10	副	
1-4		防尘口罩	10	只	
1-5		手电	10	只	
1-6	个人防护装备	对讲机	10	部	
1-7		口哨	10	个	
1-8		多功能刀	10	把	
1-9		工作服	10	套	
1-10		雨衣	10	套	
1-11		雨鞋	10	双	
1-12		防护靴	10	双	

表 7-2（续）

序号	类 别	名 称	数量	单位	备注
2-1	信息管理模块	本地地图	2	张	
2-2		A4 纸张	2	包	
2-3		签字笔	30	支	
2-4		记号笔	30	支	
2-5		记事本	10	本	
2-6		相机	2	台	
2-7		全球定位系统	2	台	
3-1	搜救就便器材	铁锹	10	把	
3-2		镐	10	把	
3-3		撬棍	10	根	
3-4		钢管	20	根	
3-5		千斤顶	5	台	
3-6		大锤	5	把	
3-7		中锤	5	把	
3-8		钢锯	3	把	
3-9		木锯	3	把	
3-10		钢凿	5	根	
3-11		强光灯	3	个	
3-12		绳索	3	套	
3-13		尺子	5	把	
3-14		铁钉	1	盒	
3-15		钢筋钳	3	把	
3-16		斧头	3	把	

表7-2（续）

序号	类　别	名　称	数量	单位	备注
4-1	基本生活保障物资	饮用水	10	箱	
4-2		方便面/自热食品	5	箱	
5-1	后勤保障类	发电机	1	台	
5-2		塑料布	2	捆	
5-3		彩条布	2	捆	
5-4		手推车	2	辆	
5-5		方木	20	根	10 cm×10 cm

第二节　现场救援就便器材的利用

如果没有储备物资装备，灾后"第一响应人"就需要在救援现场或附近寻找一些可以利用的就便器材。"就便"出自《寓简》，意思是乘机、顺便，就便器材定义为在灾害现场附近容易找到并能够在自救互救中使用的工具、装备、机械、材料等，可分为就便工具、就便装备、就便材料和就便机械。

一、就便器材的分类

国家地震灾害紧急救援队中，救援装备分为侦检设备、搜索设备、营救装备、通信装备、医疗设备、信息与评估（技术）装备、后勤保障装备救援车辆八大类。将受困者救出的过程中主要使用的是营救装备，在这里我们重点讨论营救装备。营救装备是指在灾害现场开辟安全通道和搬运受困者的设备，可分为破拆、顶升、移除、绳索、动力照明、辅助、安全等[62]，在救援过程中，我们主要是对钢筋混凝土构件或其他障碍物进行破拆、切断、顶升等操作，根据操作方法，将营救

165

装备分类进行简化，分为破、断、扩/顶、拉、撑、运 6 类就便器材，如图 7－1～图 7－6 所示。

图 7－1　破

图 7－2　断

图 7 - 3　扩

图 7 - 4　拉

图 7-5 撑

图 7-6 运

破是指将土层、木板、混凝土构件或其他平面障碍物通过挖、凿、钻、冲击等动作将其破坏、拆毁的操作，例如大锤、钢凿等；破指的是对"面"的操作。专业的救援队伍通常使用汽油、电动、气动、液压破碎镐进行破。

断是指将钢筋、木块（条）、钢管、铁丝等长条状障碍物进行剪断、磨断、劈断的操作，例如各种锯、钳子等；断是指对"线"的操作。

扩是指把障碍物顶起、撬起或扩开的操作，例如千斤顶、撬棍、钢管等；扩是指内部对空间的操作。

拉是指将障碍物进行拉住或拉动的操作，例如锁链、绳索、钢丝绳等；拉是指外部对空间的操作。

撑是指将障碍物进行撑住的操作，例如木垫块等；撑是指对空间稳固的操作。

运是指搬运障碍物、人员、装备的操作，例如用床板将伤员搬离废墟现场，或用推车将装备运入现场等。

在灾后初期现场，"第一响应人"没有专业装备，主要依靠就便器材。例如，在破类装备中，如果有相应的技术，也可以使用水钻、破碎镐等装备，表7-3列出了一些常见的就便器材。

表7-3　就便器材分类表

分类	就便工具	就便装备	就便机械	专业装备
破	锹镐、大锤、钢凿/钎、斧头	水钻、民用风镐、民用汽油破碎机	挖掘机	汽油、电动、气动、液压破碎机
断	钢锯、木锯、钢筋钳	角磨机、无齿锯、链锯、电焊机	带特殊属具的挖掘机	液压剪切钳、电动剪切钳

表7-3（续）

分类	就便工具	就便装备	就便机械	专业装备
扩/顶	撬棍、钢管、千斤顶	气囊式千斤顶、电动千斤顶	叉车	液压顶杆、液压扩张钳、开缝器、起重气垫
拉	绳索、滑轮、手拉葫芦	卷扬机、电葫芦	吊车、汽车绞盘	牵拉器、扩张钳、液压杆
撑	木材、钢铁		挖掘机	撑杆、聚乙烯垫块
运	衣服、编织袋、绳索、钢丝绳、门板、梯子、钢管、木棍、毛毯等		车辆	救援绳索组件、三脚架、脊柱板、铲式担架

延伸阅读 >>>

专业救援队装备使用

专业救援队的装备更加复杂，其使用方式如图7-7~图7-12所示。

图7-7 破

图7-8　断

图7-9　扩/顶

图 7 – 10　拉

图 7 – 11　撑

图 7-12　运

二、就便器材的寻找

就便器材是民众应对地震灾害或其他灾害采取自救互救的应急工具，而这些就便器材就在我们的身边，只要平时多留意，建立危机意识，就能够在需要的时候找到它。本节列出了部分资源寻找地，期望以点带面，读者可留意身边的环境，罗列更多的资源地。

（1）五金店：五金店是一种贩卖五金工具的小商铺，被誉为"工业之母"。在这种店铺中可以找到链锯、云石机、钢钎大锤等民用工具。

（2）汽车：目前国家发展迅速，汽车到处存在，而汽车上所带的千斤顶就是最好的就便器材，汽车电瓶和发动机稍加改动也可以提供一些动力。

（3）维修厂或 4S 店：维修厂或 4S 店的工具非常齐全，还能找到熟练操作工具器材的技师。

173

（4）工地：一个工程建设项目，大型工程机械、便携工具应有尽有，而且还有大量的人员储备，如果拥有较好的沟通协调能力，就会得到帮助。

三、现场救援器材的管理

现场环境复杂，工具杂乱放置不但容易丢失，还会存在场地安全隐患，故现场无论是专业的救援装备，还是就便器材，都要进行合理的管理，以便提高救援效率。

（1）分类管理、整齐摆放：在救援现场，"第一响应人"应合理规划应急救援装备物资的存放位置，划定区域用于临时存放就便器材，对所有就便器材进行简单分类，并尽可能整齐摆放，以便于快捷取用（注意：设备不应储存在脏乱或潮湿的地方）。

（2）损坏器材不乱丢：当工具损坏或故障时，应标识或丢弃到专门位置，避免其他人员在不知情的情况下使用损坏的器材。

第三节　简易工具的利用和制作

一、利用就便器材制作简易担架

在没有担架的情况下，"第一响应人"可以使用就便器材制作简易的担架，可以采用椅子、门板、毯子、衣服、大衣、绳子、竹竿或梯子等进行制作。

（一）利用门板制作简易担架

1. 材料准备

利用门板制作简易担架材料准备见表 7 - 4。

表7-4　材　料　准　备

就便器材	规　格	用途	图　示
门板	高度大于 2 m，宽度大于 80 cm 的非玻璃门，此门板应经过简单的承重能力测试，以确保门板的坚韧可靠	作为门板担架	 门板
竹竿、木杆、木棒、木方	直径大于 4 cm，长度大于所用门板高度 30 cm 以上的竹竿或木杆、木棒、木方均可。此木棒需经过简单的承重能力测试，以确保木棒或木杆的坚韧可靠	门板竖向辅助运送	 木棒
		门板横向辅助运送	 木杆
绳索	承重能力较强的超过 10 m 长度的编麻绳或类似绳索（或长度足够的毛巾、衣服、绳索、鞋带、腰带等）	加固辅助运送架和门板	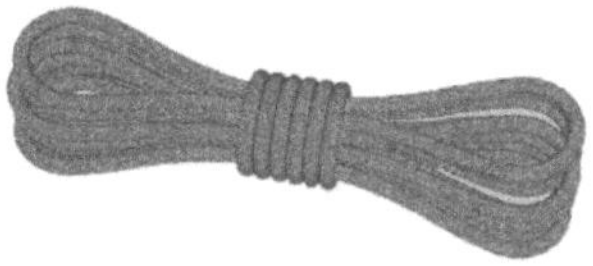 绳索

2. 制作担架步骤

（1）使用长度足够的木杆如图 7-13 进行摆放，并在木杆和木杆的交叉点上进行加固，需确保该木杆的弹性和承重能力较强。在运送担架前，可以尝试手脚并用掰弯木杆以测试该木杆的弹性和承重能力。加固时可以使用图 7-14 所示的横梁结，加固后该支架应呈现"井"字形。

图7-13 "井"字形加固

图7-14 横梁结

（2）将门板平整摆放于已经捆绑好的"井"字形支架上，并在门板偏上部分及偏下部分使用绳索进行加固，以确保该门板担架不会在运输途中脱离木支架，如图7-15所示。

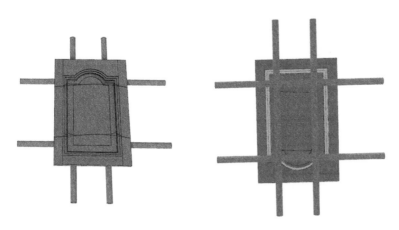

图7-15　门板制作的简易担架

（二）利用毛毯制作简易担架

1. 材料准备

利用毛毯制作简易担架材料准备见表7-5。

表7-5　材　料　准　备

就便器材	规格材料	用途	图　　示
毛毯	宽度大于2m，长度大于1.8m的大型毛毯、被子或床单等	担架主体	毛毯

表7-5（续）

就便器材	规格材料	用途	图 示
木杆	直径大于4 cm，长度大于2 m的竹竿或木杆、木棒、木方均可。此木棒需经过简单的承重能力测试，以确保木棒或木杆的坚韧可靠	担架主体	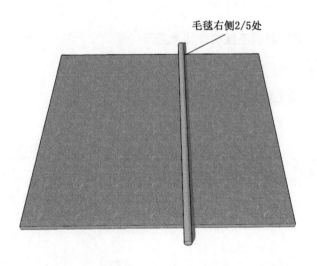木杆

2. 制作担架步骤

（1）将毛毯平铺并大概量取毛毯右侧2/5处，将木杆放置于该线，如图7-16所示。

毛毯右侧2/5处

图7-16　毛毯制作担架步骤（1）

（2）沿线将毛毯对折，对折后再选取上层毯子的左侧2/5处放置木杆，如图7-17所示。

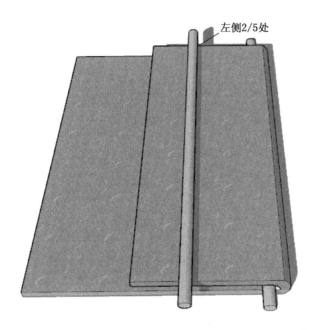

图 7-17　毛毯制作担架步骤（2）

（3）再次沿线对折毛毯，如图 7-18 所示。

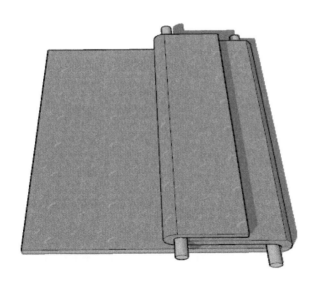

图 7-18　毛毯制作担架步骤（3）

（4）将余下毛毯对折，包裹住前几部的毛毯边缘，如图
7-19 所示。

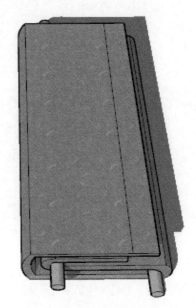

图 7-19 毛毯制作担架步骤（4）

（三）利用编织袋制作简易担架

1. 材料准备

利用编织袋制作简易担架材料准备见表 7-6。

表 7-6 材 料 准 备

就便器材	规格材料	用途	图 示
编织袋	承重能力 50 kg 级别或接近承重能力的蛇皮袋两个（95 cm × 55 cm）。确保该蛇皮袋表面无较大破损或者开口，内部没有盛装任何物品	担架主体	编织袋

表 7 - 6（续）

就便器材	规格材料	用途	图　　示
木杆	直径大于 4 cm，长度大于 2 m 的竹竿或木杆、木棒、木方均可。需对其进行简单的承重能力测试，确保坚韧可靠	担架主体	木杆

2. 制作担架步骤

（1）将两个编织袋四角分别用打火机烧融，或使用刀切出一个仅能容纳木杆通过的口。

（2）将两个木杆从两编织袋中穿过，并保证木杆至少露出袋口端 15 cm。使其中一个编织袋覆盖另一个编织袋 10 cm，平铺调整好编织袋，如图 7 - 20 所示。

图 7 - 20　编织袋制作担架

（四）利用衣物制作简易担架

1. 材料准备

利用衣物制作简易担架材料准备见表7-7。

表7-7 材 料 准 备

就便器材	规格材料	用途	图　　示
衣物	承重能力较强的衣服或裤子。最佳的材料为利用拉锁且外侧同时具有扣子的外衣或棉背心，也可以使用弹性较差的T恤及裤子，要尽量选择质地紧实、弹性较差的衣物	担架主体	 衣物
木杆	直径大于4 cm，长度大于2 m的竹竿或木杆、木棒、木方均可。需对其进行简单的承重能力测试，以确保坚韧可靠	担架主体	 木杆

2. 制作担架步骤

（1）如图7-21所示，可将木杆或木棒穿过衣服或裤子的袖筒，并将2~3件衣服串联到一起，如该衣物有袖子则可用木杆穿过袖子，如该衣物没有袖子则直接穿过袖筒即可。

（2）木杆穿好后注意应将衣物的拉锁及扣子锁紧，并让一名非伤员的人员提前测试制作好的担架的稳定性。

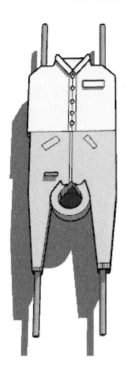

图 7 - 21　衣物制作担架

（五）利用绳索制作简易担架

1. 材料准备

利用绳索制作简易担架材料准备见表 7 - 8。

表 7-8　材　料　准　备

就便器材	规格材料	用途	图　示
绳索	承重能力较强的超过 10 m 长度的编麻绳或类似绳索；或长度足够的毛巾、衣服、绳索、鞋带、腰带等	担架主体	绳索

表7-8（续）

就便器材	规格材料	用途	图 示
木杆	直径大于 4 cm，长度大于 2 m 的竹竿或木杆、木棒、木方均可。需对其进行简单的承重能力测试，以确保坚韧可靠	担架主体	木杆

2. 制作担架步骤

（1）首先将木杆或木棒平衡间距40 cm 放置，由一人手持木杆两头，另一人使用绳索，利用双套结连接两根竹竿，如图7-22所示。

图7-22 绳索制作担架

（2）每根竹竿约打绳结 6 ~ 10 个，绳结间距为 20 ~ 30 cm，每个木杆与绳索的连接点均需要双套结紧固。

（3）在打好绳结后，两人合力将竹竿分开向两侧拉紧，使绳索吃力，并上下调整每个绳结的位置以使其均匀分布于竹竿上，双套结如图 7 - 23 所示。

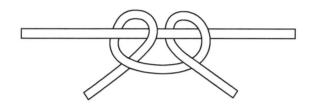

图 7 - 23　双套结

（六）利用木椅制作简易担架

1. 材料准备

利用木椅制作简易担架材料准备见表 7 - 9。

表 7 - 9　材 料 准 备

就便器材	规格材料	用途	图　　示
绳索	承重能力较强的超过 10 m 长度的编麻绳或类似绳索；或长度足够的毛巾、衣服、绳索、鞋带、腰带等	担架主体	绳索

表7-9（续）

就便器材	规格材料	用途	图　　示
木杆	直径大于4 cm，长度大于2 m的竹竿或木杆、木棒、木方均可。需对其进行简单的承重能力测试，确保坚韧可靠	担架主体	 木杆
木椅	经过简单承重能力测试的实木椅或者金属椅	担架主体	 木椅

2. 制作担架步骤

（1）将椅子平放，用绳索将一根木杆与椅子的两腿连接，如图7-24所示，使用横梁结固定，确保两根木杆平行并处于相等的基准位置。

（2）重复步骤（1）。

二、利用就便器材制作简易移除架构

"第一响应人"队伍在没有专业障碍物移除工具时，可以利用就便器材制作简易的障碍物移除架构，以期使用杠杆原理

图 7 - 24　木椅制作担架

及滚动摩擦原理来辅助救援行动。

（一）利用手动工具制作简易滚动障碍物移除架构

1. 材料准备

利用手动工具制作简易滚动障碍物移除架构材料准备见表 7 - 10。

表 7 - 10　材　料　准　备

就便器材	规格材料	用途	图　　示
钢管	较粗且长度超过 80 cm 的钢管	障碍物的滚动运输	钢管

2. 制作架构步骤

（1）如图 7 - 25 所示，救援人员可使用钢管及撬棍等配合使用滚动障碍物并进行移除。

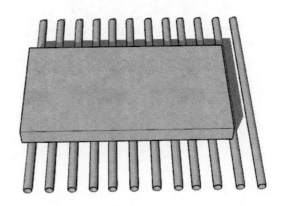

图 7 -25　钢管滚动移除障碍物

（2）救援人员应使用撬棍或相似的工具翘起重物一端并固定住重物，同时在规则形状的重物下放入可以滚动的钢管或相似的工具，并通过撬棍利用杠杆原理使重物于钢管上滚动，并缓慢移除。

注意：在操作时，切忌徒手接触重物，注意钢管的并列队形。

（二）利用手动工具及杠杆原理对障碍物进行移除

1. 材料准备

利用手动工具及杠杆原理对障碍物进行移除材料准备见表 7 -11。

表7-11　材　料　准　备

就便器材	规格材料	用　途	图　　　示
钢管	较粗且长度超过 80 cm 的钢管	障碍物的滚动运输	钢管
木方	长宽合适的实木方木		木方

2. 操作步骤

（1）救援人员可以使用杠杆，稳定支点，以及耐用硬度较高的撬棍或钢管进行杠杆障碍物移除，如图 7-26 所示。

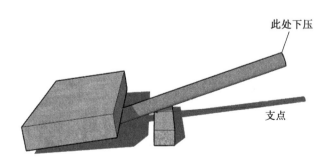

图 7-26　杠杆移除（1）

（2）救援人员寻找障碍物的缝隙或制造一个缝隙，并在缝隙一侧放置木方或固定块等作为支点，随后使用较长的钢管翘起障碍物（图7-27）。

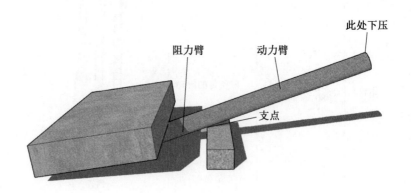

图7-27 杠杆移除（2）

注意：如图7-27所示，救援人员在翘起重物时，若想更省力，应该增加图7-28中动力臂的长度，或减少阻力臂的长度，依照杠杆原理，动力臂越长效率越高。

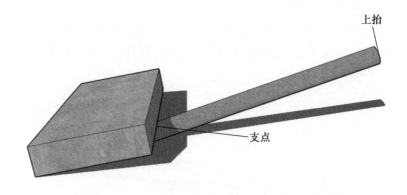

图7-28 杠杆移除（3）

（3）如图7-28所示，救援人员可以利用撬棍或钢管翘起一个预制板，将预制板横移或者打开预制板的缝隙，此时支点位于钢管和预制板的接触点。

注意：对钢管施力时需要利用上提的力量，无法利用体重来压住钢管，可以通过多人配合来保障安全和持续施力。

（三）利用叠木支撑和杠杆原理进行障碍物的提拉移除

1. 材料准备

利用叠木支撑和杠杆原理进行障碍物的提拉移除材料准备见表7-12。

表7-12　材　料　准　备

就便器材	规格材料	用途	图　　示
绳索	承重能力较强的超过10 m长度的编麻绳或类似绳索；或长度足够的毛巾、衣服、绳索、鞋带、腰带等	担架主体	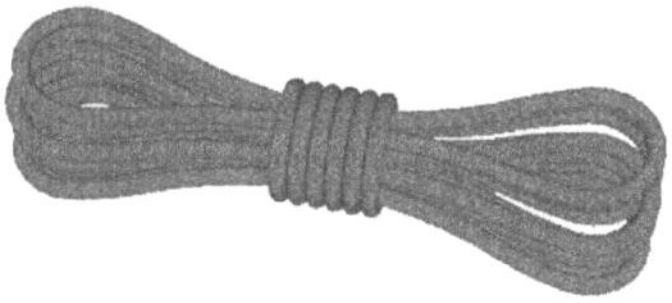 绳索
木方	长宽合适的实木方木		 木方

2. 操作步骤

（1）首先在需要提拉的障碍物上进行稳固，并使用绳索打结连接该重物的锚点。

（2）随后在重物一侧制作四叠木类支撑，并在四叠木类支撑顶端齐整地摆放木方，每个木方都相互靠拢。

（3）顶端互相靠拢的木方需如图7-29垂直于杠杆大木

方。使用杠杆大木方放置于叠木支撑上，并连接绳索及重物。

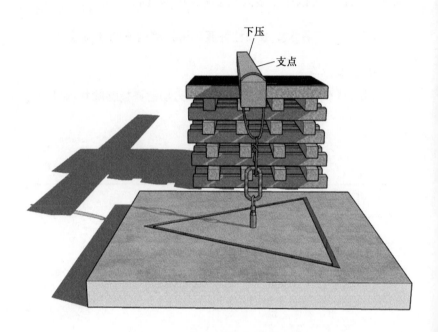

图 7-29　叠木支撑移除提拉（1）

（4）多人缓慢下压杠杆大型木方的一侧，使重物轻轻翘起，并缓慢进行上拉操作，如图 7-30 所示。

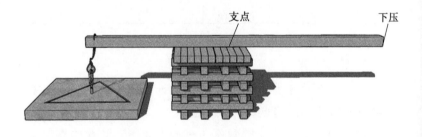

图 7-30　叠木支撑移除提拉（2）

注意：在进行此操作时，叠木支撑必须为四叠木类支撑，并且必须对被提拉的重物进行稳固的固定，推荐使用膨胀螺栓抑或其他固定锚点。

（5）提拉用的大型方木必须很长，并保持受力稳定。

第八章　灾后心理自我照顾与初期心理干预

在灾害事故面前，人类显得如此脆弱和渺小，无论发生何种灾难，最先在灾害现场开展救援的"第一响应人"都会面临不可预见和无法想象的危险，除此之外，还会面临巨大的心理压力和复杂环境。因此，"第一响应人"在夯实自救互救技能之外，一方面要掌握一些基本的心理自我照顾技能，提升自我心理防御意识，加强锻炼健康心理；另一方面要尝试对身边的幸存者开展灾后初期心理干预，帮助受灾民众平复内心。本章将围绕这两个方面的内容展开。

第一节　灾后心理危机干预的含义与必要性

汶川大地震造成的心理创伤对受害者产生了持久性应激效应，长期影响他们的身心健康，出现创伤后应激性障碍（PTSD）的人很多，他们患抑郁症、焦虑症、恐惧症的比例也高于正常值。对于他们来说，除了物质的帮助、身体的医治、政府的温暖外，更需要心灵的抚慰、压力的疏解和心理的干预，以及灾难过后内心的平复和面对未来生活的勇气和信心。"第一响应人"作为所在地区救援的基层组织者，对自身及身边幸存者开展灾后初期心理干预工作有着得天独厚的优势，也具有极其重要的意义。

一、灾后心理危机干预的含义

干预（interference）又称应激处理（stress management）。其工作的内容就是对症状的解释，并给出一些应对的建议，告诉当事人怎么去处理，做什么等。"第一响应人"灾后危机心理干预是指"第一响应人"通过交谈、疏导、抚慰等方式，帮助心灵遭遇短期失衡的患者进行调整，帮助当事人从危机状态中走出，尽快恢复正常心理状态的一种治疗方式。

危机干预旨在阻止极端应激事件产生的不良后果，通过即刻处理危机，使人们失衡的认知和情感反应趋于稳定，降低心理危机和重大灾害产生的创伤风险，避免产生严重后果[63-64]。灾后危机干预的主要目标是帮助人们获得生理、心理上的安全感，缓解并稳定由灾害引发的强烈的恐惧、震惊或悲伤的情绪，恢复心理的平衡状态。实施时间可以是创伤性应激事件发生后数小时、数天或几个月。

二、进行灾后心理危机干预的必要性

经历一场特大灾难刺激后，受灾个体一般都会或多或少地留下难以愈合的心理创伤。如果不采取措施及时疏导、稳定情绪，就可能出现一些过激的心理应激反应，包括心悸、失眠、梦魇及麻木等，严重的甚至会出现抑郁、自杀等不良行为。因此，及时有效地开展心理危机干预具有十分重要的意义。

在各类灾害事故的影响中，地震灾害具有很强的代表性。有关资料表明，汶川地震中直接和间接受到心理伤害的群众及救灾人员不少于50万人[65]，约有20%的灾民需要心理干预。对唐山大地震近两千名幸存者的心理调查显示，心理健康者仅占14.67%，据1978年8月唐山市精神病院普查，确认因地震造成极度痛苦、悲伤和恐惧导致的反应性精神病有108例，占各类精神病的2.4%，他们中患神经症、焦虑症、恐惧症的比例高于正常人3~5倍。1995年的阪神地震从物质上和精神上摧毁了神户和大阪间的地区，经过 10 年的努力，房屋、道路等硬件设施的重建工作基本完成，但人们心灵的复原还远远没有完成，"孤独死"成了劫后余生者的最大问题。

三、灾后心理危机干预的对象

灾后的心理受灾人群大致分为五级：

第一级人群为直接卷入灾难的人员、死难者家属及伤员。

第二级人群是与第一级人群有密切联系的个人和家属，可能有严重的悲哀和内疚反应，需要缓解继发的应激反应。另外还有现场救护人员（消防、武警官兵、120 救护人员、其他救护人员），以及灾难幸存者。这一人群为高危人群，是干预工作的重点，如不进行心理干预，其中部分人员可能发生长期、严重的心理障碍。

第三级人群是从事救援或搜寻的非现场工作人员、帮助进行灾后重建或康复工作的人员或志愿者。

第四级人群是向受灾者提供物资与援助的灾区以外的社区成员，以及对灾难可能负有一定责任的组织。

第五级人群是在临近灾难场景时心理失控的个体，这类人群易感性高，可能表现心理病态的征象。

在灾后初期，重点干预目标应从第一级人群开始，一般性干预宣传广泛覆盖五级人群。此外，"第一响应人"既作为救援者，又作为被干预对象，更应该做好心理预期，在自我照顾良好的前提下，组织开展自救互救和对周边人群的心理干预。

第二节 "第一响应人"的心理自我照顾

救援人员具有强大的心理支撑力才能更好地发挥救援水平，但目前社会关注的焦点更多聚集在受灾人员的心理上，相对忽视了救援人员的心理健康问题。作为救援人员，应该做好心理训练，学会心理自我照顾，尤其是基层的救援人员，例如"第一响应人"，因为他们最先接触第一现场，要承受发生在自己身上或身边的灾难。本节主要讨论如何建立"第一响应人"的心理防线，让最基层的救援人员拥有自己的"软装甲"。

一、"第一响应人"常见的心理问题及原因

（一）常见的心理问题

1. 心理症状

在自救互救中，情绪上容易产生紧张、愤怒、恐惧、焦虑、悲观、绝望、麻木等；认知上容易产生挫败自责、偏执强迫等；行为上易产生逃避、注意力不集中等[66]。

2. 生理症状

由于在心理上产生了问题，所以生理上也会发生一些变化，比如呼吸困难、肌肉僵硬、食欲减退、头痛、失眠、恶心、尿频、易疲劳、体能下降、做噩梦等[66]。

（二）产生的原因

1. 现场的环境

作为"第一响应人"，本身就在灾害现场或者首先到达灾害现场，面对突如其来的变故，曾经熟悉的街道、商场、门市部变成墙倾楫摧，暗淡无光，到处是狰狞钢筋、砸毁的汽车、破碎的玻璃、冒着火花的电线、喷水的管道；而处于灾害中的人，有的惊慌失措、六神无主，还有的甚至被压在废墟下苦苦挣扎，糟糕、混乱的灾害场景极易给心理承受能力差的"第一响应人"造成心理压力。

2. 连续的工作

在灾害救援中，时间就是生命，一刻不能耽搁。无论是救

人还是其他工作，灾害现场容不得一刻休息，作为"第一响应人"，不但要对浅层幸存者实施救援，更要面对很多复杂的情况，长时间高压作业，疲惫的身心很容易造成心理崩溃。

3. 未进行良好的心理训练

专业的救援人员除了要进行专业的搜救技能培训外，还要注重心理训练，比如刚加入中国国际救援队的救援人员，会接受前往太平间搬运尸体的心理训练，目的是让队员克服对尸体的恐惧。但在"5·12"汶川大地震中，当救援人员目睹道路两旁被巨石砸烂的尸体时，心理还是承受不了那种巨大的视觉和心理冲击。虽然受过搬运尸体的训练，但也需要调整很长时间才慢慢恢复心理平静。而作为"第一响应人"，大部人没有经过专业的心理训练，所以在第一次遇到重大灾害事故后，心理很容易瞬间被压垮[67-68]。

二、"第一响应人"救援现场心理自我照顾对策

1. 日常心理能力训练[69-70]

身体素质可以通过每天锻炼得到提高，心理素质也可以通过一系列的心理训练得到提高。根据救援环境的不同，日常训练可以有针对性地设置一些常见救援场景，例如火灾、高空、黑暗、血腥等，根据对心理的生理基础认识，心理能力的训练过程应配合适当强度的体能训练，实践也充分表明，体能强健的人员更容易训练出强大的心理素质。

"第一响应人"在平时的训练中还应该学习掌握一些基本的心理干预疏导技术，例如"安全岛技术""渐进式肌肉放松技术""正念减压技术"等，这些专业的心理训练方法能及时有效地缓解心理压力，使失衡的心理状态迅速恢复。

（1）"安全岛技术"：用冥想来调节自身压力、情绪的心理学技术，可以充分发挥想象，在心里建立一个非常舒适安全的地方，这个地方只有你能够进入，而这个地方受到非常严密

的保护，它处在你心里一个不受打扰的地方，就像一座岛屿，你也可以把它想象成其他的，例如平静舒适的沙滩、鸟语花香的山顶平台、安静的书房、温暖的被窝。在那里，一切都那么舒适，那么放松，而又绝对的安全，那里的一切全部都由你来掌控，在那个安全岛上是你最放松、最舒适的一个状态。当"第一响应人"出现心理波动时，可以建议他们随时进入那个地方来恢复到一个平静的状态。

（2）渐进式肌肉放松技术：由美国生理学家埃德蒙德·雅各布森（Edmund Jacobson）首创，旨在使全身的肌肉得以放松。当平躺和坐着的时候，闭上眼睛，从脚趾头开始，到腰间，再到头顶、两臂、手指头，逐渐放松每个肌肉群，最后使全身都得到放松。

（3）正念减压技术：于 1979 年由美国麻省理工学院医学中心附属"减压门诊"的 Jon Kabat - zinn 博士创立，原称为"减压与放松疗程"。可以利用呼吸，感受一吸一呼的正念，非评判地关注当下的冥想活动，防止心念散乱，是非常适合自我沟通的一种行为训练方法。而且正念减压不需要外在的约束，随时随地都可以自主地开展训练。当大脑感觉累的时候，正念减压技术就是最好的大脑放松法。持久的正念训练会让心得到最有效的平静，逐渐改变常见的消极思考模式，可以让思维变得更加积极，更有觉察力。

2. 灾害事故现场的应急心理自我干预[71-73]

持续的救援行动会使"第一响应人"身心疲惫，精力耗竭，任何突发事件都极易给救援人员产生巨大的心理冲击。当"第一响应人"感觉出现这些心理症状或反应时，可以尝试进行如下的心理调节和疏导：

（1）短暂休息：可以有意识地进行深呼吸，把注意力放到呼吸上，做几次深长的腹式呼吸。吸气鼓肚、呼气瘪肚，在一吸一呼之间注意力集中在肚子起伏上。慢慢放松疲惫的身体，暗示任务一定能够完成，一定能够战胜困难，一定能够胜利。

（2）换个姿势：如果情况允许，可以尝试换个姿势，比如站立变成蹲下，坐着变为站着，来回走动或上下跳一跳，调整身体的紧张和焦虑的状态。

（3）肌肉放松：在情况允许下，舒展肌肉，伸个懒腰，做个扩胸运动、蹲起运行，逐步放松肌肉；或者打个大的哈欠，望望天空。

（4）换岗/撤下：当觉得无法继续工作时，可以通知队长，告诉他现在感觉压力过大，请求是否可以换个岗位或撤下来休息一下。作为队长也要时刻观察队员的状态，当发现其无法继续工作时，要适当地进行鼓舞或换岗，以免造成更严重的后果。队员们在进行适当的休息后，能够缓解精神压力，如果情况允许可以闭目冥想喜欢的事物或事情，甚至可以打个小盹。

（5）补充食物能量：除了休息以外，可以补充一下能量，情况允许时，吃点东西，喝点水，能够补充体内电解液的饮品更好。这样不仅能够补充身体的能量，还能够迅速增强自己的信心。

（6）做最坏的打算：做最周全的计划，但也要做最坏的打算，提前想好失败的后果，给自己的心理打好预防针，因为我们不是超人，专业水平和装备有限，只能尽自己最大努力，用最安全的方式，不抛弃、不放弃任何希望去营救每一位幸存者，无论结果成功或失败，都应坦然面对，内心无愧，接受现实。

（7）适当的宣泄情绪：可以大吼，大声呼喊被困者，告诉他一定能够把他救出来。这不仅是对受困者最大的鼓舞，也是对自己和队友的鼓舞；也可以大声地哭泣，找一个发泄点来释放压力，但要记住不要在家属和受困者面前哭泣，人类可以有多种方式释放压力，而哭是我们释放压力的最基本技能。

（8）寻求战友或亲人的帮助："第一响应人"可以和身边

的队友讨论救援策略、装备情况；可以和队友来个强有力的握手，甚至在情况允许下，让队友给你一个拥抱，相信队友的力量瞬间能够传递给你。或者休息时给亲人、朋友打个电话，报个平安，条件允许的话适当地聊会儿天，他们的支持是对你最大的精神鼓舞。

（9）"安全岛技术"：如果我们学过"安全岛技术"，情况允许下，可实施简单的"安全岛技术"。

3. 事后自我心理调节[73]

在经历重大救援事件后，"第一响应人"仍可能会出现精神压力大、神经紧张的问题，这是因为注意力还没有转换过来，很容易受被困者的影响。很多救援人员会出现心理应激反应，例如否认、退缩、回避、抑郁、焦虑、自责、漠视危险的存在，常常表现为易疲劳、体能下降、做噩梦、情绪不稳、注意力不集中等症状，可以通过以下方式进行心理自我调节：

（1）学会分享：在救援战斗中，"第一响应人"经历了太多危险，也见识了太多的生离死别，这些感触易在心里堆积，学会把这些经验和感触告诉给自己的家人、朋友、队友，从他们的支持中获得温暖与力量。

（2）充分休息：救援战斗结束后，高度紧张的神经和疲惫的身体都需要充足的时间去休息，睡觉无疑是最好的方法。杜绝熬夜，坚持合理的作息时间，保证充足的睡眠，同时注意均衡饮食，学会自己调节。

（3）适当运动：运动的好处在于增强体质、提高自信心，减少精神压力，当心理有压力的时候，让身体出出汗，转移一下注意力，未尝不是一件好事。

（4）做自己喜欢的事：在空余时间做一件自己喜欢的事，比如打打球、玩玩游戏、看看书，重要的是要先行动起来，不要在脑海里空想，跳出消极的情绪怪圈，只要动起来就会改变现有的心理状态。

（5）表达情绪：可以通过写日记的形式，将近期的事件和自己的感受记录下来，擅长或者喜爱绘画的朋友也可以通过绘画的方式表达自己的情绪。

（6）声音安抚：节奏舒缓的音乐能放松人的心情，尤其是当心情不好的时候，多听一些轻柔的音乐；需要提高气氛的时候，可以听节奏快的音乐，这样可以唤醒体内的激情。然而，我们每个人都有自己的喜好和共鸣频率，得找到适合自己的。

（7）回忆美好：可以翻看以前的照片，可以整理个人物品、纪念品，这可让我们回忆起很多美好的往事。

（8）疏导技术：团体之间互相支持也是一种很好的减压方式，可与队友实施"渐进式肌肉放松技术""正念减压技术"等，如图 8 - 1 所示。

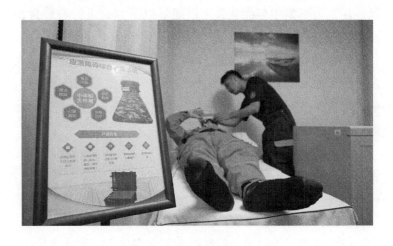

图 8 - 1　应激障碍综合训练

如果不适症状没有得到改善，这时就需要寻求专业帮助，以防形成创伤性应激障碍或抑郁症。不要对抑郁症抱有成见，它就像感冒一样，是我们的身体生病了，需要找专业的医院或机构进行调整，如图 8 - 2 所示。

图 8-2　心理分析与治疗

第三节　灾后初期心理干预

一、灾后初期心理危机干预的技术、方法与流程

（一）心理危机干预常用技术与方法

心理危机干预应根据不同情况选择相应的心理干预治疗技术。一般来说，危机干预主要包括支持技术和干预技术两大类。

（1）支持技术又称心理支持技术，旨在给予受灾者情感或心理支持（但不是支持其错误的想法和行为）。通过疏导、暗示等方法，减轻其焦虑情绪，尽可能地解决目前的心理危机，使其心理和情绪得以稳定，为进一步的干预工作做好准备。这也是在灾后初期"第一响应人"最应具备的心理危机干预技能。

（2）干预技术也称问题解决技术。以改变受灾者的认知为前提，通过倾听、启发、引导和鼓励等方式，帮助认识和理解危机发展的过程与诱因的关系，学习问题的解决技巧和应对方式，获得新的信息和知识并回避应激性环境，要避免给予不恰当的建议和保证。在灾后初期，"第一响应人"重点开展支持技术的帮助，等待专业心理救援队伍的到达。

灾后应急期心理危机干预技术要点主要包括：

1. 接触和参与

目标：倾听与理解。应答幸存者，或者以非强迫性的、富于同情心的、助人的方式开始与幸存者接触。

2. 安全确认

目标：增进当前的和今后的安全感，帮助放松情绪，增加自我安全感的确定。

3. 稳定情绪

目标：使在情绪上被压垮的幸存者得到心理平静、恢复情绪反应。"第一响应人"作为基层管理人员，在熟知或了解幸存者及其家属的前提下，更容易开展工作。

4. 释疑解惑

目标：识别出立即需要给予关切和解释的问题，立即给予可能的解释和确认。

5. 实际协助

目标：给幸存者提供实际的帮助，比如询问目前实际生活中还有什么困难，协助幸存者调整和接受因灾害改变了的生活环境及状态，以处理现实的需要和关切。

6. 联系支持

目标：帮助幸存者与主要的支持者或其他的支持来源，包括家庭成员、朋友、社区的帮助资源等，建立短暂的或长期的联系。

7. 提供信息

目标：提供关于应激反应的信息、关于正确应付应激反应、减少苦恼和促进社会恢复的信息。

8. 联系其他服务部门

目标：帮助幸存者联系目前需要的或者即将需要的那些可得到的服务。

延伸阅读 >>> ------------------------------------

国内外相关经验

近40年来，对灾后心理危机的研究在国外有了很大发展，危机干预成为自杀企图者以及遭受严重心理创伤者的一种有效的心理社会干预方法。一些危机高发国家，如以色列、日本等在该领域有比较丰富的经验。我国在心理危机方面的研究是近些年才开始的，人们在开展灾后生命财产救援的同时开始更多地关注幸存者心理创伤的复原。

美国具有完备的灾后心理干预方法和特殊干预模式，巨大自然灾难的心理救助经常就是一个波浪式梯队，进行持续性的心理救援。尤其是一些非常巨大的灾难事件，更是一种密集的波浪式心理救援过程。具体做法就是由一些心理工作者直接面对受灾者进行心理疏导，然后这些心理工作者再接受心理督导师的心理疏导。

日本阪神大地震中，日本政府和民间组织迅速编制了《心理自护手册》，指导灾民自我救助、自发抗灾。在日本遇到突发性的灾害危机事件，一般最先赶到现场的是消防人员、新闻记者和心理咨询人员。此外，在灾害发生后，日本还展开多项针对灾民的精神救助活动，比如派专家定期为幸存者免费进行心理咨询和心理学知识讲座，安排生活援助员定期走访老龄人住宅等。

台湾"9·12"大地震后，心理学界反应也是很迅速的，有专门的网站和专门的辅导手册，心理辅导者也深入到城市乡村，工作做得迅速有效。

我国在汶川地震后，成都大学心理健康教育与研究中心承办了中国移动 100865 心理援助热线，两个月间接听咨询电话 7360 个。心理热线在帮助求助者缓解焦虑、释放压力、接受现实、重建社会支持上起到了明显效果，并成功干预有明显自杀意图的个案 18 例，其中有自杀行为的 3 例，有伤害他人行为并欲杀他人的危机事件 1 例，对 28 例需要进一步跟踪的个案进行 3 个月和半年后随访，显示干预效果良好。

（二）心理危机干预工作流程

（1）联系救援指挥部、各家医院，确定灾害伤员住院分布情况，以及进入现场救援的医护人员情况。

（2）"第一响应人"协同当地医院或社区医院拟定心理危机干预工作方案。

（3）如需要，紧急调用当地精神卫生机构的人员和设备。

（4）分组到各家医院、社区和需要的地方，按计划对不同人群进行访谈，发放心理危机干预宣传资料。

（5）使用评估工具，对访谈人员逐个进行心理筛查，评估重点人群。

（6）根据评估结果，对心理应激反应较重的人员当场进行初步心理干预。

（7）"第一响应人"要强调在照顾高危人群时的注意事项，包括简单的沟通技巧以及工作人员自身的心理保健技术。

向收治医院提出对高危人群的指导性意见。

（8）对每个筛选出有急性心理应激反应的人员进行随访，强化心理干预和必要的心理治疗，治疗结束后再次进行心理评估。

（9）及时总结当天工作，最好每天晚上召开碰头会，对工作方案进行调整，计划次日的工作，同时进行团队内的相互支持，最好有督导。

（10）全部工作结束后，及时总结并汇报给有关部门，"第一响应人"队伍最好接受一次督导。

注意：灾后心理危机干预工作是一件需要事先培训，同时需要督导的工作。所有的心理危机干预工作要本着"只帮忙，不添乱"的基本原则进行。

二、不同群体的具体干预对策

（一）亲人遇难群体的心理危机干预对策

有亲人遇难的群体比无亲人遇难的群体更倾向于产生抑郁、孤独、恐惧、烦躁、愤怒及焦虑这些不良情绪，更倾向于强迫、回避、默然、自杀、自罪、退避、幻想及自责这几种应对方式。

（1）对有亲人遇难的群体倾向于合群、信任、乐观及镇定等人格维度上进行改变，使之尽可能地恢复到正常水平。比如来自亲近的人的安慰与鼓励，如图8-3所示。

（2）针对其情绪上的障碍，需要进行一些情绪上的疏导或心理疾病预防的知识宣传。

（3）要特别注意建立其心理档案，定期进行心理评估，并把结果上报给相关的灾区心理重建部门。

（二）儿童青少年的心理危机干预对策

儿童青少年群体在灾害中经历了重大心理创伤，所以针对

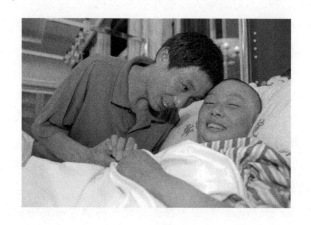

图 8-3　汶川震后失散夫妻重聚相互安慰

儿童青少年群体的不良情绪、生理不适应、认知能力和自我效能、不良行为的应对方式及人格特点等现状，应制订专门的干预对策。比如汶川地震中医护人员通过游戏的方式帮助孩子们安抚心伤，如图 8-4 所示。

图 8-4　汶川地震后医护人员帮助孩子们安抚心伤

1. 应特别关注灾区儿童青少年群体

灾害会使人们产生焦虑、愤怒等应激反应，儿童青少年比成人更为脆弱，除了需要应对外伤、饥饿和寒冷等他们不熟悉的情况外，同样会经历心理上的创伤。

2. 需要留意儿童青少年的各种身体反应

（1）情绪反应：感到恐惧、害怕，有的会哭泣；有紧张、担忧、迷茫、无助和压抑的表情；有的逃生出来的孩子会因为同学、老师的伤亡产生自责、孤独；警觉性增高，如难以入睡、浅睡、多梦、易惊醒；头痛、头晕、腹痛、腹泻、哮喘和荨麻疹等，这可能是紧张焦虑的情绪对身体造成的伤害。

（2）行为反应：发脾气、攻击行为；过于害怕离开父母或亲人，怕独处；有些大孩子又出现幼童现象，如遗尿、要求喂饭和帮助穿衣等幼稚行为；有些儿童会情绪烦躁，注意力不集中，容易与其他人发生矛盾等。

3. "第一响应人"要与家属建立联系，保证儿童身体和环境的安全，预防潜在危险

（1）优先保证儿童身体安全，对于受伤儿童立即给予医疗救护。

（2）优先给儿童提供清洁的饮用水、安全食品以及夜间保暖。

（3）尽量让儿童远离灾难现场和嘈杂混乱的场所，避免孩子走失或因环境拥挤不能入睡。

（4）要指导孩子观看新闻报道，因为低年龄儿童可能会对电视画面中重现的镜头感到害怕和恐惧。

4. 做到儿童青少年群体的基本心理保护

（1）促进表达。鼓励并倾听儿童说话，允许他们哭泣，条件允许的情况下鼓励孩子玩游戏，不要强求儿童表现勇敢或镇静。

（2）多做解释。不要批评那些出现幼稚行为的孩子，对于孩子不理解、不明白的事情要用他们能够理解的方式解释，

同时要给予希望。

（3）及时发现问题。灾情重大的情况下，受影响的孩子会较多，要及时发现问题，并积极求助精神科医生或心理专家，必要时进行治疗。

（4）避免应激反应影响。避免成年人的应激反应影响儿童，成年人应尽量不要在儿童面前表现出自己的过度恐惧、焦虑等情绪和行为，成年人稳定的情绪、坚强的信心和积极的生活态度会使儿童产生安全感。

（三）成人及救援者群体的心理危机干预对策

在灾害中，成人群体也同样经历了重大的心理创伤，成人的焦虑、恐惧、抑郁等不良情绪倾向明显强于儿童青少年，且成人的自杀、退避、强迫、默然等不良行为应对方式也明显强于儿童青少年。

（1）及时开展心理危机干预。帮助灾区人民渡过心理创伤，尽最大可能将灾难对人们的心理影响减到最小，整个社会救援系统中应该也必须包括心理干预部分。比如玉树地震中积极开展心理干预工作的大学生志愿者，如图 8 - 5 所示。

（2）迅速评估灾区群众的身心反应。针对不良情绪、生理不适应、认知能力及自我效能、不良行为等方面开展评估。

（3）及时发现最严重的急性心理反应。个别人由于在逃生过程和救助别人的过程中消耗了大量体力，造成精神崩溃，少部分人在遭遇灾难后的心理反应会延续数月、数年，并因而表现为"创伤后应激障碍"。对有上述状况的人要加强识别和干预，降低创伤后应激障碍的发生。

（4）鼓励灾区群众努力帮助自己和周围的人共渡难关。"第一响应人"要从政府、救援人员以及公安人员等正规渠道了解救助的最新动态与信息，避免传言带来更多的心理不安，选择救援人员安排的避难场所，尽量理解在困境下每个人都会有不愉快，在可能的情况下和家里人通话，尝试着对周围的人

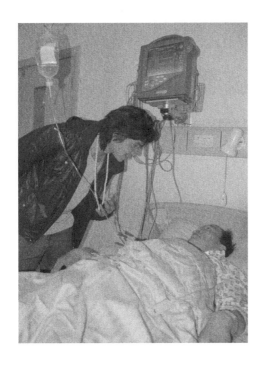

图8-5　玉树地震后大学生志愿者开展汉藏语言翻译和心理安抚工作

说一句温暖或者鼓励他们的话等。

　　(5)尽量避免不必要的事情。不要指责埋怨，不要偏听偏信小道传言，当有些困难一时不能解决时，不要聚众闹事或参与闹事等。

延伸阅读 >>>

灾后心理干预口诀

"不独处、多说话、找事做、问医生"。

　　(1)寻找集体，不要离群独自生活。

　　(2)多交流，多疏泄，倾诉、痛哭、体能运动等都是有利的。

（3）互相鼓励、支持，力所能及帮助他人，对他人的帮助感恩。

（4）随时间推移接受、面对现实，感受希望。

（5）不忌病讳医，及早寻求专业医师的帮助。

第九章 "第一响应人"与专业救援队伍的合作

在突发事件的应对过程中,专业救援队伍介入到现场搜救工作后,"第一响应人"工作将进入到与专业救援队伍合作的阶段,或者说是"第一响应人"根据专业救援队伍的需求,在自己的能力范围内提供信息、物资或人力等方面的协助,并配合救援工作的开展。虽然"第一响应人"在大多数情况下向专业救援队伍提供的协助是有限的,但还是能够在一定程度上提升整体效率。

国内学者将我国现阶段的专业应急救援队伍分成了 12 类[74],其中归口在应急管理部的包括矿山救护、危化品处置、地震救援、地质灾害应急、城市消防和森林消防 6 类。在这些队伍中,与本书所描述的应急救援"第一响应人"在能力、构成和任务方面关联性最强的是地震专业救援队伍,在国际救援领域称为城市搜索与救援队。

因此,本章将以地震救援为例,介绍地震专业救援队伍(城市搜索与救援队)的组成结构、能力分级和工作阶段,并就"第一响应人"与地震专业救援队伍协作与配合的内容、方式和注意事项等进行阐述。

第一节　地震专业救援队伍

一、国际地震救援

在国际救援领域应对地震灾害的救援队伍被称为城市搜索与救援队（Urban Search and Rescue team，USAR）。联合国框架的国际城市搜索与救援咨询团（INSARAG）组织，由联合国人道主义事务协调办公室负责管理，是当前在全球范围内公认的引领和支撑国际城市搜索与救援发展的专业机构。该组织成立于1991年，其主要职责包括：

（1）提高应急准备和响应效力，以使更多的生命得到拯救，灾区民众遭受的苦难得到缓解，并尽可能地降低灾害的影响。

（2）促进国际USAR队伍之间的合作，管理INSARAG救援队伍分级测评程序。

（3）加强国家USAR能力建设，加强USAR队伍在灾害多发国家的准备工作，优先支持发展中国家，包括援助其开展国家救援队伍分级测评体系建设。

（4）制定国际通用流程和体系，持续推进USAR队伍之间的国际合作。

（5）制定USAR工作流程、指南和最佳实施方案，加强各有关组织在紧急救援阶段的合作。

按照INSARAG的城市搜索与救援响应框架设定，各国的救援力量由上至下可分为3个层次，顶层为国际救援队伍，包括重、中、轻三类；中间层为国家救援队伍，同样分为重、中、轻三类；最底层为"第一响应人"，包括民防、本地应急服务和社区"第一响应人"。在国际层面，INSARAG已制定了明确的能力分级标准和测评体系，而国家层面的能分级标准与测评程序是目前INSARAG正积极鼓励各成员国制定和发展的方向，如图1-1所示。

二、国内地震救援

我国地震专业救援队伍发展的初期阶段可追溯到 2001 年，当年的 4 月 27 日，我国第一支国家级地震救援队伍——国家地震灾害紧急救援队（以下简称"国家地震救援队"，对外称中国国际救援队）宣布成立，由时任国务院副总理温家宝同志亲自授旗。在国家地震救援队组建的前两年，也就是 1999 年，我国正式加入 INSARAG 组织，通过 1 年多的积极筹备，队伍按照联合国重型国际城市搜索与救援队的能力要求组建完毕，其主要任务是对因地震灾害或其他突发性事件造成建（构）筑物倒塌而被压埋的人员实施紧急搜索与营救，执行国内外的地震灾害紧急救援任务。截至 2020 年底，国家地震救援队共执行国内救援任务 11 次、国际救援任务 13 批次，队伍于 2009 年首次通过联合国国际重型救援队测评，分别于 2014 年和 2019 年两次通过复测。

2006 年，我国省级地震灾害紧急救援队达到 17 支，包括天津、山西、甘肃、辽宁、黑龙江、四川、云南、新疆、山东、宁夏、重庆、广东、海南、陕西、福建、江苏和青海。当时省级救援队规模从 60 人到 150 人不等，17 支队伍加起来近 2000 人。其中大部分省级救援队参照国家地震救援队组建模式，由搜救、医疗人员和地震专家组成，此外还具备一定的危险物质侦测、通信保障等能力[75]。

2008 年汶川地震后，我国地震专业救援力量进入了一个快速发展期。通过 10 年的发展，到 2018 年底，我国建成的省级地震救援队共有 76 支，12443 人；市级地震救援队 1000 多支，10.6 万人；县级地震救援队 2100 多支，13.4 万人；地震救援志愿者队伍 1.1 万支，69.4 万人[76]。

2018 年中华人民共和国应急管理部成立，我国的应急救援力量建设进入到"全灾种""大应急"的新历史阶段，救援力量构成和响应机制迎来新一轮的重组和改革。2018 年 11 月 9 日，习近平总书记向国家综合性消防救援队伍授旗并致训词。至 2019 年 1 月，应急管理部已经组建 27 支专业救援队，专业领域包括地震、山岳、水域和空勤，同时还有一批跨区域机动救援力量和 7 支国际救援队[77]。

2019 年 10 月，成立于 2018 年 8 月的中国救援队通过了联合国际重型救援队能力测评，由此我国成为全球第 5 个拥有两支国际重型救援队的国家。

三、地震专业救援队伍的组成结构

按照城市搜索与救援队伍的建队原则，地震专业救援队伍一般包括管理、搜索、营救、医疗和后勤 5 个部分，其中管理部分主要负责队伍整体行动的指挥、计划、协调、联络、信息（评估）、宣传和安全等工作；搜索负责通过人工、仪器或犬搜索技术在废墟上搜寻定位被埋压的受困人员，同时还负责对潜在危险源的评估；营救则是通过破拆、支撑、顶升、移除和绳索等各项技术与装备的使用，将受困人员解救出来；医疗的任务一是做好自身队员和搜救犬的医疗保障，二是对受困人员开展基础生命支持和院前医疗救治工作；后勤的主要职责包括行动基地的建设与运维、整体行动的生活物资、用水、食品、运输和通信保障等。

四、地震专业救援队伍能力分级

参照联合国对国际救援队伍的能力分级标准，我国地震部门于 2016 年编制了《中国地震灾害专业救援队能力分级测评工作指南》，指南根据队伍规模、结构组成、管理能力、协调能力、搜救能力和自我保障能力等具体情况，将我国地震灾害紧急救援队同样分为重、中、轻三个等级。在队伍规模方面的界定见表 9 - 1。

表9-1 我国地震救援队伍能力类型（规模）

队伍类型	队伍总人数	出队结构人数
重型	120人以上	80人以上
中型	60人以上	45人以上
轻型	30人以上	20人以上

在国际方面，INSARAG组织给出的国际重、中、轻三个等级的救援队伍的能力基本要求见表9-2。

表9-2 国际救援队伍能力类型（队伍能力）

队伍类型	队伍基本能力描述
重型	能同时在两个场地（场地可更换）开展长达10天，每天24 h的复杂搜救工作；一次任务的派出时长通常都会超过24 h；能应对的废墟结构主要是钢筋混凝土；能够搭建行动基地，保证队伍安全和自给自足
中型	能够在1个场地（场地可更换）开展长达7天，每天24 h的搜救工作；能应对的废墟结构主要有重木质、结构钢和配筋砌体；能够搭建行动基地，保证队伍安全和自给自足
轻型	能够在1个场地开展表层的搜救工作；能应对的废墟结构主要有木质、轻金属、无筋砌体、土坯、生泥和竹子；能够搭建行动基地，保证队伍安全和自给自足

五、地震专业救援队伍工作阶段

地震专业救援队伍的工作包括准备阶段、动员阶段、行动阶段、撤离阶段和总结阶段5个阶段。

（1）准备阶段：队伍能力建设和日常工作阶段。

（2）动员阶段：队伍开始关注灾情，进行人员和装备的动员与准备工作。

（3）行动阶段：队伍到达灾区现场，开展搜救行动。

（4）撤离阶段：现场搜救阶段结束，队伍撤离灾区。

（5）总结阶段：队伍回到驻地，完成任务报告，人员和装备恢复到可再次出队的状态。

第二节 "第一响应人"与地震专业救援队伍的合作

一、"第一响应人"的特点与优势

专业救援队伍相较于"第一响应人"，在人员素质、救援技能、救援装备和团队能力等方面有着较为明显的优势，但由于需要一定的机动时间，因此在救援时效性方面是有可能较为滞后的，见表9-3。

表9-3 不同救援力量能力

能力或特点	普通受灾民众	"第一响应人"	专业救援队伍
人员素质	良莠不齐	经过专门培训	成建制编制的专业人员
救援技能	不足	具备一定的救援技能	经过专业的救援技能训练
救援装备	几乎没有	能够因地制宜，并制作简易救援装备	配备专业救援装备
团队合作	较弱	较强	很强
组织纪律性	较弱	较强	很强
救援时效性	很及时	很及时	及时或有所滞后
救援复杂性	简单地自救、互帮互助	废墟浅层简单的人员搜救	复杂情况下的专业搜救

"第一响应人"相较于普通受灾群众的这些优势和特点，

使其有能力在专业救援队伍到达之前，有组织、有计划地开展一定程度的救援工作，但其专业能力的有限性也决定了其工作开展程度的上限。例如对于复杂的人员搜救，"第一响应人"很难在有限的条件下开展，但"第一时间、第一现场"的独特优势，使得"第一响应人"可能对事故原因、现场情况、人员伤亡和危险源等情况非常了解，并有可能掌握了一定的人力和物力资源，且已成为其所在区域的临时"负责人"，负责维持现场秩序和人员安置等，这些都是专业救援队伍开展现场工作所需要的。

上述情况使得"第一响应人"能够成为专业救援力量在现场的有力合作方，即"第一响应人"根据专业救援队伍的需求，在自己的能力范围内提供协助，配合部分工作的开展。

二、与地震专业救援队伍的合作内容

与专业救援队伍的合作内容，可以理解为在这一阶段"第一响应人"可能面临完成的任务，也就是当专业救援队伍到达现场后，"第一响应人"需要根据具体情况和任务要求做哪些事情。就合作内容而言，主要包含信息和资源两个部分；从工作阶段而言，则可以分为场地交接和后续工作。此外，在受灾程度不同的灾害现场，开展相关合作的优先顺序也是有所不同的。

（一）信息与资源

结合地震灾害救援的特点，对于地震专业救援队伍而言，"第一响应人"掌握的信息和资源有时候甚至会成为影响现场搜救任务能否顺利完成的关键因素。一般情况下，"第一响应人"可以向地震专业救援队伍提供的信息和资源包括以下几个方面：

1. 信息（包括但不限于）

（1）基本情况：地点（街道）名称、地震发生时的情况、

基本受灾情况、救援需求、灾民安置情况、现场负责人。

（2）建筑物情况：建筑用途、主体结构、房间布局、楼层面积、地上楼层数、地下室层数。

（3）人员搜救：自救互救情况、"第一响应人"搜救工作情况、其他专业救援队伍搜救工作情况。

（4）人员伤亡：确定存活的被困人数及位置、确定已死亡的人数、失踪人数、待处置伤员情况、尸体处理情况。

（5）危险源：漏电、可燃物质、有毒有害物质、放射源、漏水、不稳定结构。

2. 资源

（1）人力资源：向导、翻译、特种工作人员（如重型机械操作员、危化品专家）、医护人员、可参与搜救工作的人员。

（2）物力资源：木材、水源、车辆、重型机械、电力、其他就便器材。

这些信息和资源的提供与协助，对于专业地震救援队伍对潜在工作场地的评估与确认、优先级划分、场地信息记录与上报、现场搜救方案的制定、人员与装备的调配、搜救工作的具体展开、搜救行动的安全安保、保障补给计划的制订、伤员救治和尸体处理等各方面工作的开展有着重要的意义和影响。

（二）场地交接与后续工作

在确定了合作主要内容的基础上，从工作阶段的角度再次进行区分，一方面要明确"第一响应人"与专业救援队伍合作的阶段节点，另一方面要有利于"第一响应人"能够更有效地制订计划和做好相应的工作准备。

1. 场地交接

场地交接是关于工作场地具体行动主导权和处置权的移交，由于专业救援队伍到达灾害现场时间的不确定性，因此在场地交接发生时,"第一响应人"有可能还没有展开具体的人员搜救工作,也可能正在搜救当中,或者"第一响应人"在该场地可以实施的搜救工作已经完成。在不同的时间节点,"第一响应人"向专业救援队伍进行场地移交的内容和要求会有所区别。具体的交接内容见表9-4。

表9-4 场地交接内容

时间节点	交接内容
人员搜救尚未展开	(1)场地基本信息; (2)场地危险源(如果已进行评估); (3)已进行的前期准备情况(人员、工具和耗材等)
人员搜救进行当中	(1)场地基本信息及危险源; (2)正在开展当中的搜救工作情况; (3)已救出的人员或已清除的尸体情况(如果有); (4)可继续参与搜救工作的人员情况; (5)可用于搜救工作的其他资源情况
人员搜救已经结束	(1)场地基本信息及危险源; (2)已救出的人员或已清除的尸体情况(如果有); (3)需要继续开展搜救的区域(如果有)

注:在交接时,专业救援队伍可能对交接工作的确认有额外的办理要求,例如在工作场地交接单上进行签字确认等。

2. 后续工作

与专业救援队伍完成场地交接后,"第一响应人"可根据现场情况继续开展其他工作,例如到其他场地继续开展人员搜救,或者是留在原场地辅助专业救援队伍开展相关工作,当然也有可能结束"第一响应人"的工作,转换到灾区早期恢复阶段的其他工作当中。需要强调的是,后续工作开展的具体内容和时长应根据"第一响应人"的能力和意愿进行安排。

(三)合作的优先顺序

本书中提到的许多内容是在较为理想状态下的情况,在现实情况中即使"第一响应人"能够在第一时间第一现场组织当地群众开展工作，但由于不同级别的地震灾害所带来的破坏程度不同，"第一响应人"开展相关工作的难度和需要程度是不一样的。此外，"第一响应人"自身能力有限，再加上现场群众情况的不确定性，工作的实际效果往往和预想的会有出入。因此，我们建议"第一响应人"应根据实际情况有重点、有先后地开展工作。

地震灾害等级越高，对于现场救援工作带来的困难越大，受的限制越多。结合"第一响应人"的工作内容与特点，在确保行动安全的前提下，可以将在不同地震灾害等级中"第一响应人"能够向专业救援队伍提供的信息和资源进行优先级分类，使实际工作的开展能更加有序和安全，见表9–5。

表9–5 "第一响应人"工作优先分类

地震灾害等级	内　容	优先	暂缓	不建议
特别重大地震灾害	所属场地信息收集	√		
	临近区域信息收集		√	
	大范围灾区信息收集			√
	向专业队伍提供人力支援（保障）	√		
	向专业队伍提供人力支援（搜救）		√	
	向专业队伍提供生活保障物资			√
	向专业队伍提供搜救行动物资	√		
	向专业队伍提供重型器械支援	√		
重大地震灾害	所属场地信息收集	√		
	临近区域信息收集		√	
	大范围灾区信息收集			√
	向专业队伍提供人力支援（保障）		√	
	向专业队伍提供人力支援（搜救）		√	
	向专业队伍提供生活保障物资		√	
	向专业队伍提供搜救行动物资	√		
	向专业队伍提供重型器械支援	√		

表 9 - 5（续）

地震灾害等级	内　容	优先	暂缓	不建议
较大地震灾害	所属场地信息收集	√		
	邻近区域信息收集		√	
	大范围灾区信息收集		√	
	向专业队伍提供人力支援（保障）		√	
	向专业队伍提供人力支援（搜救）	√		
	向专业队伍提供生活保障物资		√	
	向专业队伍提供搜救行动物资		√	
	向专业队伍提供重型器械支援		√	
一般地震灾害	所属场地信息收集	√		
	临近区域信息收集	√		
	大范围灾区信息收集		√	
	向专业队伍提供人力支援（保障）			√
	向专业队伍提供人力支援（搜救）	√		
	向专业队伍提供生活保障物资			√
	向专业队伍提供搜救行动物资			√
	向专业队伍提供重型器械支援			√

延伸阅读 >>>

国内对地震灾害等级的区分

根据最新的国家地震应急预案,地震灾害分被为特别重大、重大、较大、一般四级,相关基本判定条件见表 9 - 6。

表 9 - 6　地 震 灾 害 等 级

地震灾害等级	基 本 判 定 条 件
特别重大	指造成 500 人以上死亡（含失踪）的地震灾害。重要地区发生 7.5 级以上地震,初判为特别重大地震灾害
重大	指造成 100 人以上、500 人以下死亡（含失踪）的地震灾害。重要地区发生 7.0 级以上、7.5 级以下地震,初判为重大地震灾害

表9-6（续）

地震灾害等级	基 本 判 定 条 件
较大	指造成10人以上、100人以下死亡（含失踪）的地震灾害。重要地区发生6.0级以上、7.0级以下地震，初判为较大地震灾害
一般	指造成10人以下死亡（含失踪）的地震灾害。重要地区发生5.0级以上、6.0级以下地震，初判为一般地震灾害

注：重要地区包括各直辖市、省会城市、计划单列市，以及震中50 km范围内人口密度达到200人/km² 的地区。

三、合作方式

"第一响应人" 与地震专业救援队伍的合作按照参与的关联性来区分，可分为直接合作和间接合作；根据合作的难易或专业程度，可分为一般合作和专业合作。

（一）直接合作与间接合作

（1）直接合作是指 "第一响应人" 参与到具体的工作当中，配合地震专业救援队伍完成某项或多项任务，例如 "第一响应人" 以成员身份加入到工作场地的安保工作、伤员搬运或尸体处置工作、现场的装备与后勤保障工作，以及充当向导或翻译工作等。

（2）间接合作是指 "第一响应人" 仅提供信息或利用资源进行协助，并不直接参与到任何工作当中，最为典型的就是 "第一响应人" 只是按照专业救援队伍的需求提供相关信息或资源。

（二）一般合作与专业合作

（1）一般合作是指 "第一响应人" 向地震专业救援队伍所提供的协助或配合工作，不需要具备地震或其他相关专业知识或技能，例如装备物资的搬运或照看、提供食物和水、维持场地秩序等。

（2）专业合作是"第一响应人"参与的某项任务需要运用地震专业救援知识或技能，或者是涉及相关领域的专业知识或技能，例如配合地震专业救援队伍在废墟上进行人员搜救、驾驶重型机械配合进行废墟移除、对废墟结构进行稳定性评估、提供医疗救治等。

直接合作与间接合作、一般合作与专业合作是按照两个不同的区分角度来定义的，而在实际情况中，大部分合作会有交叉，从而具备两个角度的特点。表9-7是两个方式特点交叉后的部分典型合作。

表9-7 "第一响应人"合作模式

合作模式	直 接 合 作	间 接 合 作
一般合作	普通的体力工作，如协助装备的装卸	提供常见物资信息，如告知最近的加油站的地点和情况
专业合作	在废墟上合作开展人工搜索	提供建筑物内有无有害物质的相关信息或处置建议

四、合作原则与注意事项

无论是何种合作内容或方式，"第一响应人"需要掌握一定的合作原则，并熟知具体实施过程中的注意事项。这是因为明确合作的基本原则，并遵循各项具体任务的注意事项是对救援工作高效、安全开展的有效保障。

（一）合作原则

（1）信息提供的可靠性和时效性。上述提到的信息内容，真实、可靠是基本要求，其次是时效性；"第一响应人"虽然是第一时间身处现场，但无论是已获得的一手信息，还是通过其他渠道得知的二手信息，其真实性和可靠程度都需要得到验证，这里不排除有人故意为之的假消息。此外，信息的时效性同样重要，对生命搜救的影响是一方面，另一方面由于地震发生后的初期，灾区的形势变化很快，如资源的补给情况、交通情况和社会治安情况等，这些信息对于时效性的要求很高，即使是真实的消息，但有可能已发生变化。

（2）合作内容的有限性和相关性。由于人力和物力资源在震后初期的紧缺以及信息的闭塞，再加上"第一响应人"所掌握的相关技能专业程度有差异，因此"第一响应人"实际可以与地震专业救援队伍展开合作的内容和深度是有限的。换而言之，"第一响应人"可以提供的协助和可以配合开展的工作不会是面面俱到的，合作的效果也是有限的。同时，在"第一响应人"提供地震专业救援队伍所需信息和物资时，或者是主动提出协助与配合意愿或请求时，要事先确认好内容的相关性。无关内容有时会产生负面效果。

（3）合作关系的确定性。简单来说就是在合作内容和方式确认的同时，需要明确双方的职权范围，或者是明确各自的任务和权限。绝大多数情况下，"第一响应人"是以协助和配合的身份参与，地震专业救援队伍主导和控制整体工作的开展与进程，以及关键环节和问题的决策与处理。

（4）合作方式的适应性。无论是采用上述提到的直接合作与间接合作、一般合作与专业合作，或者是特点交叉的合作方式，都要明确方式是为内容服务的。"第一响应人"和地震专业救援队伍双方都应该根据任务内容和要求的不同，采用合适的合作方式以确保执行效果。

（二）注意事项

按照上述原则确定合作内容和方式后，在具体的执行过程中有一些基本的注意事项是"第一响应人"需要了解的。当然在多数情况下，地震专业救援队伍会提前告知"第一响应人"任务执行的基本要求，也就是注意事项，例如行动安全、个人防护、联络方式和指挥层级等。本书总结了部分关于"第一响应人"和地震专业救援队伍合作时需要注意的事项，具体如下：

（1）如果需要提供信息或协助收集，需要注意以关键信息为主，文字精练、分类清楚，在条件允许的情况下，"第一响应人"的信息收集工作应以事先准备或临时制作的信息收集表格为准，如果专业救援队伍对表格的使用和信息的收集有具体要求，则以专业队伍的要求为准，其中特别需要注意部分信息的保密要求。

（2）如果提供物资，最好能准确地描述物资的名称、材质、尺寸、型号、可以提供的数量，并询问专业救援队伍是否需要运输协助，交接地点、交接人员与联系方式，以及有无交接手续要求等情况；如果对方没有交接手续要求，"第一响应人"应考虑编制一份，并要求接收方签字。

（3）如果需要进入废墟开展人员搜救工作，要做到一切行动听指挥，掌握紧急撤离计划，做好个人防护，时刻注意安全；由于专业技能的限制，一般只会在开展浅层搜救并确保安全时才会允许"第一响应人"进入废墟。

（4）如果参与到外联方面的工作，例如充当向导、翻译或者是其他相关辅助工作，需要注意自己的言行，以一名队员的身份要求自己；同时可向专业救援队伍要求穿戴队伍志愿者的服饰，如马甲、单帽或臂章等。

（5）如果是参与一般性的体力工作，一定要如实向组织者反映自己的身体状况，并对工作强度进行预估，做到量力而行。

（6）如果是要运用其他专业知识或技能，如大型机械驾驶、有毒有害物质辨认和医疗救治等，需要提前对工作细节和要求进行充分沟通，明确现场指挥方式和权限，并将相关要求告知其他参与人员，包括专业救援队伍的队员。

第十章 "第一响应人"综合演练的组织与实施

应急综合演练是各级人民政府及其部门、企事业单位、社会团体等相关组织及人员，依据有关应急预案，模拟应对灾害等突发事件的活动，是应急准备的一项重要任务，也是地方突发事件应急管理工作的有效度量标准[78]。综合演练作为"第一响应人"培训活动的收官科目，是学以致用的最佳实践，具有不可替代的重要作用。本章以"第一响应人"前九章涉及的主要理论、方法、知识为基础，按照应急演练普遍适用的设计、准备、实施和评估四阶段，分块介绍综合演练的全流程，突出项目理论与实践相结合的特点及示范作用，确保综合演练的良好组织与实施，推进项目课程体系日益完善，进一步服务基层灾害应急综合能力提升。

第一节 演 练 设 计

演练设计属于演练开始前的筹备阶段，即根据已有信息编制演练方案，一般包括演练的主题、原则、目标、类型、规模、流程、场景等。演练方案为纲领性文件，演练期间所有活动应在方案框架下开展。方案规划应提纲挈领，确保具备科学性、逻辑性、连贯性、可操作性等。演练设计人员可根据演练方案，细化相关脚本、手册、清单等文档，如事件场景、参演机构及人员、模块或单元分工、指令对白、视频背景与字幕、解说词等[79]。

"第一响应人"综合演练为培训活动的点睛之笔，可为基层应急力量在短时间内提供一次集中实操练兵的机会。其总体设计作为核心关键环节，直接影响了知识技能检验、团队协作磨合、实战氛围体验等演练目标的完成，应予以高度重视，进行一系列科学调研、巧思设计、认真筹备。综合演练方案通常根据课程培训地基本情况，将前期课程中所需达到的单项目标能力进行融合，根据突发事件发生发展规律，以及灾害现场应对实际进行设计筹备，如图10-1所示。

一、演练主题

演练主题基于演练目的及课程目标所模拟的突发事件背景概况。"第一响应人"课程涉及压埋人员搜索与营救技能，需模拟灾害现场大量建（构）筑物倒塌环境，因此演练灾害背景多以地震灾害为主。然而随着近年来国内外灾害风险特别是

青岛市地震救援"第一响应人"培训演练方案

一、演练目的

本次演练是青岛市地震救援"第一响应人"培训班的重要组成部分。演练充分发挥学以致用的原则，通过设置一些地震灾害场景和现场救援行动科目，让学员把培训班所学课程的内容进行实践，加深学员对"第一响应人"职责的理解，增强学员对灾害形势评估、灾害现场管理、搜索营救方法、现场医疗救助、专业队伍协调等技能的掌握，进而促进实际灾害发生时"第一响应人"在现场真正发挥作用。

二、演练基本信息

1. 演练时间

2014年12月3日下午13：30—16：30

2. 演练地点

青岛市防震减灾科普教育基地

3. 演练过程

❖ 演练情况介绍(13:30-13:50)

❖ 分组实施现场演练任务(14:00-15:30)

❖ 演练小结与点评(16:00-16:30)

4. 演练分组

❖ 参演人员：40人，分为4组

❖ 组内分工及职责：组长、安全、信息、搜救、工具、医疗

▸ 组长：全面负责本组工作，包括组织、协调、管理等；

▸ 安全：负责演练过程中本组人员的安全，包括废墟上撤离路线设计、紧急情况撤离提醒等；

▸ 信息：负责灾害形势评估、绘制现场草图、图件标绘、工作进展记录等；

▸ 搜救：负责埋压人员的搜索和营救；

▸ 工具：负责简易工具的寻找和制作；

▸ 医疗：负责埋压人员救出后伤情的紧急处置。

三、演练背景的设定

2014年12月3日13时38分，青岛市发生6.5级地震，震源深度10 km，震区街道房屋倒塌，道路桥梁受损，电力和通信中断，很多人被困在废墟下、呼喊着救命。该区域为海滨丘陵城市，地势东高西低，南北两侧隆起，中间低凹。海岸分为岬湾相间的山基岩岸、山地港湾泥质粉砂岸及基岩砂砾质海岸等类型。浅海海底则有水下浅滩、现代水下三角洲及海冲蚀平原等类型。地震引发了山体滑坡，造成大部分道路中断，市消防支队、企业专职消防队等已开展应急处置，防止造成更严重的危害。临近的消防和武警2支救援队赶赴现场开展救援。另有消息称外部救援力量正在集结，预计3 h左右到达，开展救援行动。

四、现场演练具体流程

演练总体流程如图1所示，演练总时长为2h，具体分为以下几个阶段：

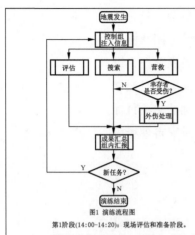

第1阶段(14:00-14:20):现场评估和准备阶段。

各组组长对本组人员进行分工,包括安全、信息、搜救、工具、医疗等。派出1、2组分别对废墟现场进行评估,现场记录信息并画简图;派出3、4组在现场寻找可以利用的就便器材,并搬运到现场,并分类排放起来;4组全返回指挥部,1、2组汇报现场评估情况,3、4组汇报器材寻找情况。

第2阶段(14:20-15:30):现场搜救行动阶段。派出1组对废墟现场进行搜索,发现废墟表面有1名幸存者,管道内有2名幸存者,开展营救工作,救出废墟表面和管道浅处幸存者,派人向指挥部汇报搜索情况并画图记录。指挥部派

图1 演练流程图

出2组前往现场营救管道深处的幸存者,各组营救完毕后到指挥部汇报并记录信息,领受新的任务。3、4组完成废墟表面幸存者的营救后,注入B/D场地可能有幸存者的信息,派出3、4组赶赴现场开展行动。直至各组完成全部现场任务,回指挥部报告情况并进行记录和绘图。各组简要汇报搜救行动进展,注入专业队伍抵达信息,各组根据现场情况提供信息,完成交接,现场演练任务结束。

第3阶段(16:30-17:00):总结评估阶段。各组自我评估(每组1人),授课教官点评,演练教官点评。

询问:对演练组织情况的改进意见和反馈,感谢!

五、演练具体场景设置

序号	小组	位置	注入信息	伤员	科目	备注
1	1组	花园超市废墟表面	1组搜索时发现	位置:废墟表面行为表现;假人,腿被废墟压住,头部受伤,左腿骨折	评估、搜索、伤员包扎、固定与搬运	红木板处
2	1、2组	花园超市废墟深处	搜索时发现	位置:废墟深处,行业表现:肩部受伤,胸部受伤	评估、搜索、伤员包扎、固定与搬运	移除
3	2组	游乐园迷宫、管道内	1组搜索时发现,请求2组援助	位置:管道内,行为表现:颈椎骨折,右臂骨折	评估、搜索、顶升、移除废墟,伤员包扎和搬运	
4	3组	和平小区	呼喊救命	位置:卧室,行为表现:真人,50多岁老人,意识清醒、低声呼喊救命,有高血压心脏病史,对	评估、搜索、顶升、移除、心理安抚、特殊伤员搬运	2楼,自己下来

图 10-1 "第一响应人"培训演练方案

复合型灾害及灾害链效应的加剧,演练背景正逐步向其他灾种兼顾,联合国 INSARAG "第一响应人"指南文件指出,地震引发的倒塌结构环境获得当前普遍关注,此外还应重视其他灾害风险的应对,并建议将其纳入到总体能力建设中。因此如水灾或地质灾害可在项目课程中涉及,特别是地质灾害中的滑坡、崩塌、泥石流等可作为地震次生灾害加以设计。同时还应统筹考虑当地气候、地理环境及历史灾害特点等,增加演练的真实性和代入感,提高演练的实际效果。如主题为"×市×县 7.0 级地震引发老城区大面积滑坡掩埋""×县台风暴雨×学校教学楼垮塌"等。应避免出现如内陆设置海啸灾害、西部设置台风登陆等明显不恰当的主题。

二、原则与目标

演练模式实行"指导性演练原则",即参演人员根据场景设置和注入信息自主进行决策并采取相关行动,控制人员原则上不过多修正、干预,但涉及重大错误,严重偏离演练框架或存在安全隐患的决策行为可视情给予提示纠正;演练过程实行"安全首要原则",一切场景、设施、装备、操作等均应处于低风险环境中。全面做好事前检查防范、过程监控与防护及相关应急准备。演练资料实行"内部保密原则",文档图件,特别是涉及灾害信息的内容严禁外传散布,避免引发社会恐慌,必要时应注明"演练"字样。

综合演练承接理论及实操课程,目的是通过模拟灾害场景和搜救科目,检验参演人员的分析决策、组织协调及搜救行动能力,进一步巩固和促进重要知识点的理解与掌握,强化理论知识转化为实践应用,并形成科学系统的理论体系。从根本上达到培养基层有生力量、储备专业技能、有效减轻灾害损失,提高基层处置灾害综合能力的目的。

三、类型与规模

演练类型决定了演练整体的规模、组织方式等,选择合适的演练类型对发挥演练效能至关重要。按照不同分类方式,演练类型亦灵活多样。美国"国土安全演练与评估计划"按照组织方式将应急演练分为演练班、专题研讨会、桌面演练等7种形式[80]。我国根据国务院应急办下发的《突发事件应急演练指南》(应急办函〔2009〕62号)相关规定,将应急演练按组织形式分为桌面演练、实战演练;按演练内容分为单项演练、综合演练;按目的与作用分为检验性演练、示范性演练、研究性演练。此外还可按组织单位分为政府演练、部门演练、企事业单位演练、基层演练;按时间比例分为时间压缩演练、实际时间演练;按规模等级分为局部演练、区域性演练和全国性演练[81]等。在实践应用中，为达到更好的效果，通常根据实际情况，将几种演练形式相互结合，取其优点，形成更加丰富完善的演练形式[82]。通常，不同的演练类型直接反映出演练的规模，包括参演人数、场景范围、时间尺度、科目数量与难度等。

"第一响应人"综合演练是对前期课程内容归纳提炼后进行的综合模拟练习，因涉及装备及技能实操，需配合场景搭建和人员模拟等，因此本质上属于实战演练。同时演练受时间安排、师资力量、场地环境等条件约束，应采取短期、小规模、以功能检验为主的综合演练方式。演练时长原则上不超过 2 h，演练人数不超过 50 人，灾害场景 10 个以下。同时不设置专业设备或大型机械操作，以及侦检、破拆等复杂科目。

四、演练流程设置

演练流程是串联整个演练过程的环节框架，随着事件发展，演练得以推进，各环节起承转合，参演人员在各环节中根据场景设置做出相应决策行为，如图 10 - 2 所示。需要注意的是，此处主要是指主干流程，分支流程在场景设置中体现。演练流程应考虑以下因素：

（一）符合"第一响应人"职责定位

"第一响应人"作为社区基层人员，应在灾害发生后组织快速的信息评估与上报、搜索营救浅表层受困者，以及进行适度可行的紧急医疗，并在专业救援力量抵达后进行信息及场地移交。因此流程设置不应复杂专业，超出职责范围。如毒气侦检、队伍后勤保障等流程不符合实际情况。

（二）符合灾情背景

应根据灾害主题设置有关环节，体现灾害个体危害及应对差异。如破坏性地震灾害现场存在大量建（构）筑物倒塌、

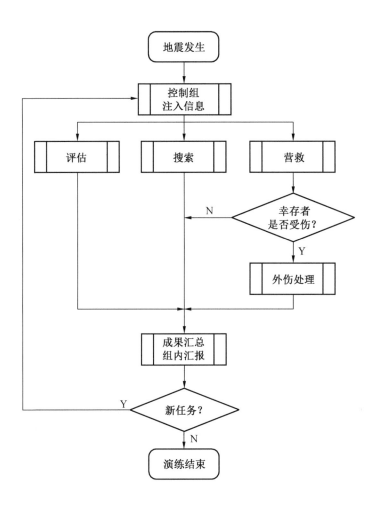

图 10 - 2 地震灾害应急演练流程图

灾情评估及危险识别后可组织开展人员搜索营救。如发生滑坡、泥石流等地质灾害或洪水、内涝灾害，应体现人员转移疏散与自救互救等典型环节。

（三）符合突发事件现场一般处置规律

应提前调研有关灾害的发生机理、现场应对过程及工作重点。理顺、畅通各环节链路，设计形成架构合理、完整、可行、闭环的运行链条。确保演练行动系统科学、逻辑严谨、真实有效。同时应注意做好并行流程的触发与管理。

（四）符合课程目标要求

各环节应全面或重点覆盖相关理论知识，实现应练必练。

五、演练场景设置

演练场景一般包含具体的事件背景、初始灾情、灾情发展等核心因素[83]，"第一响应人"场景主要指初始信息、灾场及科目、模拟人员信息。演练场景是对演练流程的扩展与细化，若流程是骨架，则场景为血肉。例如灾害形势评估为演练流程之一，而评估哪些建筑物废墟，隐含何种破坏和危险性等具体内容，则为场景设置范畴。

（一）初始信息

初始信息是演练最直接最关键的信息，也是首次信息注入内容，是演练的起点场景，通常直接或隐含大量可决策利用的信息资源，一般包括当前的灾情信息、可利用的救援力量以及当地基本情况信息等。灾情信息主要包括灾害发生的时间、地点、程度、范围，人员伤亡、建筑物破坏、生命线损毁等；可利用的救援力量主要指当地已知可参与现场救援的人力资源，如企业危化队伍、民兵组织等，为参演人员决策行动进行铺垫；当地基本情况主要含地形地貌、气候特点、人口民族、交通经济、历史灾害情况等。此外，演练初始信息可设置在培训驻地或参演人员集中所在区域，使之有更加直观的体验。也可视情况设置部分环境细节信息，展示灾害危险性与危害性，以及各种不利因素，如高山峡谷、夜间视物不清，或重大工程设施出险等，增加决策的复杂性。需要注意的是灾情设置应适度，不可贪大求全、不切实际[84]。下面以地震灾害为例介

绍:

1. 震情

（1）地震三要素：发震时间可自拟；震中根据当地地质构造、历史地震背景选取某一县级区划;震级一般设置在6.5~7.0级。

（2）震中经纬度：根据实际区域设定。

（3）震源深度：选取10~30 km范围内。

（4）最大烈度：Ⅸ/Ⅹ。

2. 灾情

（1）人员伤亡：伤亡总数或乡镇分布。

（2）建筑物损毁：破坏程度或数量。

（3）生命线破坏：破坏程度或数量。

3. 救援力量

当地已知的救援力量（"第一响应人"可在决策行动中加以利用）。

4. 震区基础信息

（1）地形地貌。

（2）断层分布。

（3）历史地震。

（4）气候特点。

（5）人口民族。

（6）交通经济。

5. 环境细节信息

（1）如设置灾害发生在节假日，隐含内容为学校相对安全，商超人员密度大，人员压埋情况严重。此信息应作为场地搜救优先级判定依据，同时应作为重点目标区，在与专业救援队移交时提出救援需求。

（2）如设置当地刮东北风，隐含内容为风向可能增大火势风险，参演人员应将其评估为环境危险源，在设计施救方位或撤离路线时有所考虑。

（二）灾场及科目

灾场为灾害现场区域，如医院、学校、酒吧等，科目为前期课程所需达到的功能目标，如信息评估、危险识别、预警疏散、人工搜索，营救基本技能中的移除、顶撑、破拆、支护、搬运，就便装备物资利用，以及紧急医疗技术等。应根据环境条件设计灾害现场即建筑物名称、破坏程度等，如地震引发"易购超市"部分倒塌。同时应根据灾场规模、破坏程度、伤情特点，设置参演人员预期行动及考核科目。如学校教学楼倒塌，学生逃生中腿部被压，人员哭喊呼救、情绪激动，设计科目时除预期开展既定的评估与搜索技术之外，还应针对顶撑、包扎、心理安抚、伤员搬运设置考核项。

应根据演练总时长，设计灾场数量及考核科目难易，并预估各灾场科目作业时长，原则上灾场不超过 10 个，营救科目不超过 3 个，同时任务分配时应均衡难易程度，或设置组别相互合作等细节。

（三）模拟人员信息

模拟人员主要作用是穿插在演练过程中，注入信息，衔接流程及场景、推动事件发展。根据条件可由相关人员扮演或假人替代。信息设置包括伤员信息（含伤员基本情况、人员所处位置、受伤部位及伤情、行为表现等），群众演员信息注入时间、方式（伤员呼救、群众告知）及台词。需要注意的是模拟人员信息应与授课内容、灾场设置、考核科目相一致，不应出现不恰当或违背逻辑的情况，如设置受困人员需截肢，或人员胸部明显外伤，设置心肺复苏考核项等。此外不含科目功能的效果类场景，应减少设置，如记者采访、灾害情绪激动干扰救援等，虽然能够增加演练效果，但时间有限，且偏离主业，见表 10 - 1。

表10-1 演练场景设置情况

位置	组别	场地名称	信息注入	伤员	基本信息及伤情	科目	持续时间/min
点1	组1	易购超市	演员注入：大量人员跑出，有人员埋压	学员	女，45岁，主妇右大腿骨折，腹部穿刺受伤	评估搜索支撑搬运	40
点2	组4	凤凰地铁站	搜索时发现	学员	男，38岁，乘客脚踝跟腱断裂，左手大臂骨折	评估搜索支撑搬运	40
点3	组5	美家家具城	救援人员注入：组4人发现埋压人员，但因为人手不足，请求5组开展救援	学员	女，55岁，销售员右臂及右腿被压，右臂划伤	评估搜索移除搬运	20
点4	组2	日新市场	搜索时发现	学员	男，52岁，商贩盆骨骨折，脚底刺穿	评估搜索剪切移除搬运	25
点5	组2	鼎福大酒楼	呼喊救命	学员	女，60岁，顾客背部划伤，脚踝扭伤	评估移除	15
点6	组3组4	和平小区	救援人员注入：3组搜索时发现，因工具缺少，邀请4组开展	学员	男，27岁，住户腿部被压，头部受伤，左腿骨折	评估搜索移除	15
点7	组6	游乐园迷宫	搜索时发现	学员	男，35岁，家长颈椎骨折，右臂骨折	评估搜索顶升搬运	25

表 10 - 1（续）

位置	组别	场地名称	信息注入	伤员	基本信息及伤情	科目	持续时间/min
点 8	备用	蓝月酒吧	演员注入：和朋友在酒吧聊天，地震时，我逃出，朋友被埋	假人	男，21 岁，顾客肩部受伤、胸部受伤	评估搜索顶升搬运	30
点 9	备用	仁爱医院	搜索时发现	假人	男，21 岁，病患手部骨折、头部外伤	评估搜索顶升搬运	25
点 10	组 3	幸福养老院	呼喊救命	学员	男，65 岁无明显外伤，意识清醒，低声呼喊救命，有高血压心脏病史，对余震恐慌，总感觉楼板要掉下来，不停呼喊要出来	对表层受困者进行心理安抚	10
点 11	1 组备用	优优甜品店	对讲机	对讲机	女，8 岁，顾客轻微擦伤，收到惊吓。找不到父母了，很害怕，不停的哭	对表层受困者进行心理安抚	10

第二节　演　练　准　备

演练准备是在演练总体设计框架下，通过现有资源进行搭建预设，将方案中的纸面场景环节进行实体化。一般包括场地环境准备、器材准备、人员及信息准备。演练准备工作耗时偏长，零散细碎且细节众多，但却贯穿、支撑了各环节场景，使整个演练更加科学有序、生动饱满。

一、场地环境准备

演练场地一般指室外演练活动的整个区域,演练场地应具有针对性和代表性,周围环境要对演练提供必要的支持[85]。比较理想的场地为部队训练驻地、室外拓展活动区域、灾害科普体验基地等。具体场地应根据实际情况与主办方商议择优选择,必要时需进行前期实地勘察并拍照留存,以便分析筹备。演练场地一般划分为演练控制区、演练区域、作业点及人员临时安置点。

(一)演练控制区

演练控制区一般选择距离演练区域最近的全开放或半开放地带,如地上车库、地上停车场、邻近院落、文化广场等,面积不小于100 m²。主要用于:①信息注入、演练控制、信息反馈、决策讨论、成果汇报等信息枢纽;②装备、物资集中存放、分发;③外围人员集中观摩。

(二)演练区域

演练区域即模拟灾区较大范围内的灾害场地,存在大量建(构)筑物破坏,是参演人员进行信息评估、搜索营救、紧急医疗等实操的主要区域。通常在保障结构稳定性的基础上,选择集中存在建(构)筑物、牢固堆砌物的地方,如废旧或损坏厂房设施、碎石桩或粗糙的空地等,占地面积一般不超过5000 m²。需要注意的是任何存在危险隐患或不适合参与演练的区域应进行标记,禁止参演人员靠近或入内[6]。

(三)作业点

作业点即模拟单体建筑物废墟内人员压埋点。根据灾场及科目设定方案,结合现有建筑物环境及配套设施,需提前设计、改造、搭建作业点场景，实现实操检验功能并确保其安全稳定性。并将全部作业点及位置分布标绘记录在演练图件上[9]。每个科目作业点一般不超过 10 m²，周边应设置警戒线。

（四）人员临时安置点（视情）

人员临时安置点即伤员搬运转移安置区域，可根据场地条件及演练流程需求视情设置，一般为几平方米且设置标志或警戒，也可将伤员转移至演练控制区替代。

上述所有场地准备工作完成后，还应进行现场风险评估，以便消除任何不必要的危险，并进行记录与跟踪[9]。

二、器材准备

根据演练各流程预期行动，梳理汇总出下列六大类演练器材清单，具体数量需根据参演总人数或分组情况确定。

（一）信息管理用具

信息管理用具在灾害形势评估及危险识别阶段使用，一般应在演练控制区注入初始信息时进行分配，见表 10 - 2。

表 10 - 2　综合演练信息管理用具需求清单

序号	名　　称	数量	备　注
1	白板	块	每组一块
2	白板笔/记号笔	若干	不同颜色
3	便笺纸	若干	每组若干
4	A1 白纸	若干	每组若干

（二）手动工具

手动工具在作业点搜索营救时使用，一般在演练控制区注入初始信息时进行分配,见表10-3。

表10-3 综合演练手动工具需求清单

序号	名 称	数量	规 格
1	木棍	10 根	3 cm×(2.0~2.5) m
2	钢管	20 根	直径 6 cm 脚手架管 长 1.2 m×10 根,长 2 m×10 根
3	手动剪切钳	6 把	
4	大锹	6 把	
5	小锹	6 把	
6	水泥板(内有钢筋)	10 块	2 m×1.2 m×10 cm
7	水泥板(内有钢筋)	6 块	1 m×1.2 m×10 cm
8	撬棍(螺纹钢)	10 根	1.2 m 以上
9	大铁锤	5 根	打钢钎
10	小铁锤	5 根	羊角锤
11	剪切用钢筋(圆钢筋)	若干	200 cm×8 mm
12	夹板	20 副	
13	民用短绳	10 根	长 5~10 m,直径 11~13 mm
14	民用千斤顶(车载)	4 个	
15	大巴钉	20 个	
16	铁钉	100 根	长度 60~80 mm 各 50 根
17	手板锯	5	
18	机动链锯	2 台	
19	卷尺	4 个	5 m
20	方木	10 根	8 cm×8 cm×4 m

(三)演练耗材

演练耗材是在伤员搬运时参演人员手动自制工具时所需,一般应提前放置在作业点周边,见表10-4。

241

表 10 - 4　综合演练耗材需求清单

序号	名　称	数量	规　格
1	旧床单	条	180 cm×200 cm，根据分组订
2	旧毛毯	条	180 cm×200 cm，根据分组订
3	旧衣服	件	整套迷彩服，根据分组订
4	编织袋	条	根据分组订
5	木门	个	根据分组订
6	四腿椅子	个	根据分组订

（四）个人防护用品

个人防护用品是在参演人员开展搜索营救作业时使用，起到安全保护作用，一般应在演练控制区注入初始信息时进行分配，见表 10 - 5。

表 10 - 5　综合演练个人防护用品需求清单

序号	名　称	数量	备　注
1	头盔	个	按确定人数订
2	衣服	套	按确定人数订
3	手套	套	按确定人数订
4	防护口罩	套	按确定人数订

（五）医疗用品

医疗用品是在作业点营救出压埋人员后，对伤员进行紧急医疗时使用，一般在演练控制区注入初始信息时进行分配，见表 10 - 6。

表 10 - 6　综合演练医疗用品需求清单

序号	名　称	数量	备　注
1	三角巾	条	每组 3 条

（六）演练辅助用具

演练辅助用具是演练控制人员注入信息、现场指挥，以及作业点场景设置时使用，见表 10-7。

表 10-7　综合演练辅助物资需求清单

序号	名称	数量	备　注
1	扩音器	1个	
2	对讲机	若干	根据作业点设置情况订
3	警戒带	若干卷	根据作业点数量订
4	假人	若干	根据作业点设置情况订

三、人员准备

人员准备主要包括参演人员的分组，演练控制人员、伤员、群众演员、专业救援队伍演员、演练评估人员的岗位职责、行动安排、台词确认，必要时应将演练方案分发至个人。

（一）参演人员

提前根据参演人数进行分组，一般每组 10 人左右，设立一名组长。分组时应将人员年龄、性别、职业（单位）等进行混编，以达到符合灾害应对实际及丰富决策建议过程的目的。

根据"第一响应人"现场任务特点，结合课程内容，组长应在组内设置安全员、灾害形势评估人员、搜索营救人员（含工具寻找或制作）、医疗人员等，此项工作属于演练活动的一部分，应在演练控制组注入初始信息后由参演人员各组自行开展。

（二）演练控制人员

演练控制主要在演练过程中控制和协调进程，观察记录演练各流程、决策、行动等，根据不同环节阶段发出信息与指令，推动演练事件发展[6]，出现偏差时应提醒纠正参演人员回调[3]。

应提前确定控制组人员及责任分工，对接筹备相关内容。一般包括信息控制、装备物资控制、模拟人员控制、场地作业控制、安全控制共5人，若人员不充足也可兼职。信息控制人员主要负责在演练控制区注入初始信息、听取反馈、控制纠偏、演练评估等；装备物资控制人员主要负责提前放置及现场分发装备物资，对其进行跟踪管理；模拟人员控制工作包括群众演员信息注入提醒，以及伤员化妆、进场、任务确认；场地作业控制人员主要负责现场实操技术指导，并参与演练评估；安全控制人员主要是对灾场环境及建筑结构稳定性，作业点实操中的安全隐患进行巡查跟踪，并对参演人员安全操作进行评估。

（三）伤员

模拟受伤受困人员，根据科目设定及伤情方案需求确定人数，并做好化妆、受困点藏匿、呼救、台词表述及行为表演，适度配合参演人员完成相关动作。

（四）群众演员

模拟周边群众，根据科目设定确定人数，按时出场并与参演人员互动完成信息注入及科目开启。

（五）专业救援队演员

由1人模拟专业救援队伍，根据演练方案按时出场，与参演人员互动完成信息及场地移交。

（六）演练评估人员

演练结束后由演练控制组相关人员，特别是授课人员对参演人员各项任务进行分块评估。

四、场景信息准备

根据演练场景设置准备相关信息资料，主要包括：

（一）灾害初始信息

利用音视频、图片、文字等编制 PPT，进行初始信息发布。其中可包含模拟灾害区域地图、灾情及救援现场图片等，增加演练真实性（图 10 – 3）。

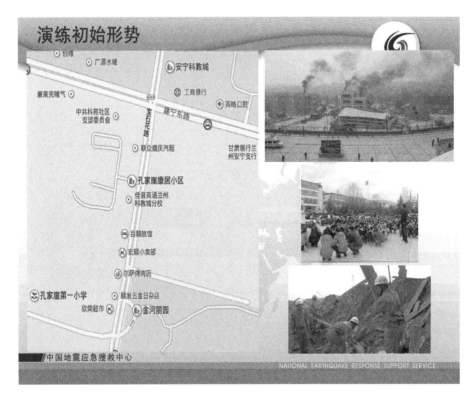

图 10 – 3　演练初始信息 PPT

（二）演练方案

根据设计思路编制演练方案，为演练控制做好辅助支持，具体包括演练脚本、演练手册或需求清单，绘制灾场及科目分布图、演练流程图等，如图 10 – 4 ~ 图 10 – 7 所示。

学员共37人，分为三组，组长各1名，各组中第一位队员为组长

序号	姓名	联系方式	隶属队伍	职业	备注
			第一组		
1	吕**	199XXXX2229	保定蓝天救援队	个体	√
2	李**	132XXXX2333	保定蓝天救援队	个体	√
3	李**	139XXXX3057	保定蓝天救援队	职工	√
4	李**	181XXXX2765	保定蓝天救援队	教师	√
5	郭**	135XXXX9135	保定蓝天救援队	个体	√
6	陈**	139XXXX1819	保定蓝天救援队	职工	√
7	程**	139XXXX0088	保定蓝天救援队	护士	√支
8	张**	152XXXX1939	保定蓝天救援队	个体	√
9	王**	151XXXX3313	保定蓝天救援队	个体	√支
10	刘**	189XXXX6961	保定蓝天救援队	个体	√
11	杨**	189XXXX3223	保定蓝天救援队	教师	√
12	赵**	189XXXX7828	保定蓝天救援队	教师	√
			第二组		
13	尹**	150XXXX6168	保定蓝天救援队	教师	√
14	赵**	131XXXX2999	保定蓝天救援队	个体	√
15	李**	139XXXX3944	原平蓝天救援队	工人	√
16	赵**	159XXXX8343	原平蓝天救援队	糕点师	√
17	曹**	138XXXX9180	原平蓝天救援队	个体	√
18	郭**	152XXXX9956	唐山蓝天救援队	个体	√
19	梁**	136XXXX8903	邢台蓝天救援队	教师	√
20	赵**	188XXXX9629	唐山蓝天救援队	警察	√
21	黄**	139XXXX3014	武安蓝天救援队	职工	√
22	张**	137XXXX8008	邢台蓝天救援队	个体	√
23	赵**	136XXXX0831	邢台蓝天救援队	教师	√支
24	原**	176XXXX8883	原平蓝天救援队	警察	√
			第三组		
25	姜**	187XXXX5997	武安蓝天救援队	个体	√
26	衡**	133XXXX9556	晋城蓝天救援队	公务员	△
27	沈**	133XXXX5752	晋城蓝天救援队	职员	△
28	许**	139XXXX2468	晋城蓝天救援队	个体	△
29	贾**	186XXXX5777	邢台蓝天救援队	个体	√支
30	安**	131XXXX3345	原平蓝天救援队	记者	√
31	王**	150XXXX3188	雄安蓝天救援队	个体	√
32	庞**	159XXXX8888	保定蓝天救援队	个体	△
33	冀**	151XXXX6316	邢台蓝天救援队	销售	√
34	刘**	134XXXX4555	邢台蓝天救援队	销售	√
35	杨**	166XXXX3399	沧州蓝天救援队	个体	√
36	王**	166XXXX8988	邢台蓝天救援队	个体	√
37	朱**	186XXXX8804	邢台蓝天救援队	职工	√

演练场景设置：3组同时进行搜索救援，每组设3个救援科目，同一点的救援科目各组交替进行，具体设置如下：

序号	小组	位置	伤员	科目
1	1组			
2	1组			
3	2组			
4	1组			
5	2组			
6	2组			
7	3组			
8	3			
9	3			
10	全体			

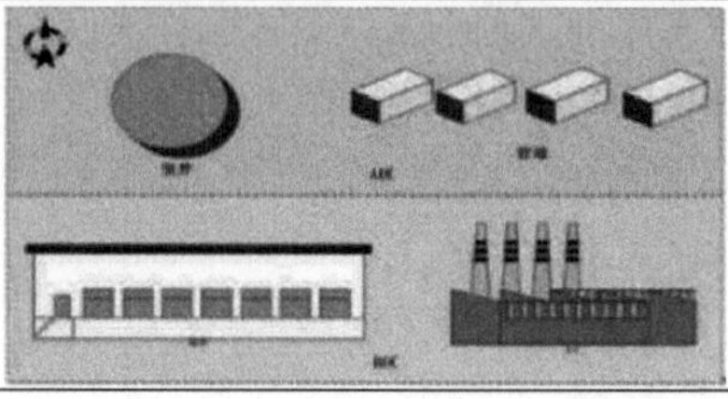

图 10 – 4 河北保定"第一响应人"演练脚本

图 10-5　河北保定"第一响应人"灾场分布图

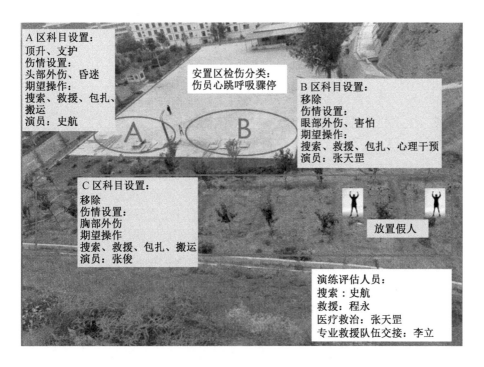

图 10-6　甘肃永靖"第一响应人"科目分布图

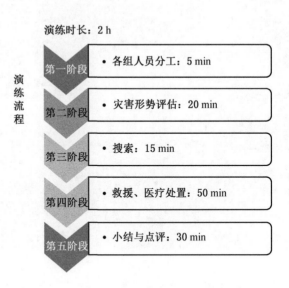

图 10-7 演练流程及时间图

（三）演练辅助信息

演练辅助信息包括各科目基础信息及伤情介绍牌，以及伤员、群众演员、专业救援队伍演员台词。

第三节 演 练 实 施

演练实施阶段即宣布演练正式开始之后到演练结束前这一期间，一般包括两条主线，即参演人员及队伍通过注入信息进行自主决策行动这条明线，以及外围控制人员按照设计框架及课程目标推送信息、跟踪进度并进行适度纠偏这条暗线。两条主线并行推进，纠偏时建立交集。演练实施是在现场将已准备的各类场景资源，借助管理与调度等虚拟"外力"与演练事件建立关联，形成"幕后推手"推动事件滚动发展，引导保障演练有序进行。实施过程一般包括演练控制、流程管理、观察与记录。

一、演练控制

（1）时间节奏控制。保障演练各阶段、各流程顺畅，总时长控制在设定范围内。防止出现敷衍了事，提前结束；或纠结细节，停滞不前。应提前规划好具体的流程细节及先后顺序，确保切实可行。演练过程中持续观察整体节奏，根据时间安排进行调节。可提示参演人员注意进度，以及采取提前或推迟模拟人员信息注入等方式。如以上方法效果不明显，必要时也可采取要求重复操作、临时注入突发事件信息，或者中断及叫停行动等方式。

（2）内容技术控制。演练控制人员应熟悉设计内容及技能，明确应有的预期行动和考核目标，灵活应对可能的技术问题。可通过触发模拟人员及自身扮演角色，对参演人员进行协助指导，特别是信息互动时，可提示并引导开展预期行动，避免出现行动偏差。场地作业控制人员可对参演人员实操以提出质疑与建议，或者直接指出问题等方式进行纠偏。

（3）模拟角色控制。现场或对讲机提示模拟人员出场，时间或任务变更，需及时与角色扮演人员进行沟通。

（4）安全防护控制。应持续关注并保障演练过程安全高效，及时发现各环节安全隐患，采取立即阻止、中断行动，或更改演练方案等措施。同时负责对人员受伤、设备损坏、器材或物资缺失等突发事件进行处置应对。

二、流程管理

（一）初始信息发布

在室内通过 PPT 文档发布灾害背景等，若信息充足也可准备纸质资料。人员转场至演练场地，在演练控制区集结，由信息控制人员利用扩音器注入初始信息，强调灾情及救援急迫性，提醒演练时间、下一步行动、安全防护等重要事项，并宣布演练开始。

（二）分工派遣

各组派员到指定地点领取演练器材，协商组内岗位分工，组长派出人员携带相关器材，前往灾害现场开展灾害形势评估及危险识别，其他成员原地待命。

（三）灾害形势评估反馈

评估人员返回演练控制区向组长汇报评估结果，控制人员可根据参演队伍综合能力，采取不干预或适度干预，引导开展任务分区及场地优先级确定等事项，形成最终决策，组长派遣人员启动场地搜救。

（四）搜救行动

各组在场地开展评估、搜索、营救、工具制作及寻找、紧急医疗、心理安抚、伤员转运等工作。场地控制人员及安全人员从旁监控及指导。作业结束后可采取群众信息注入、其他队伍救援请求等方式开启新一轮搜救行动。若场地作业点数量有限，可进行不同组别场地交换。

（五）与专业救援队伍交接

演练接近尾声时，安排群众演员扮演专业救援队伍与参演队伍进行交接。扮演人员互动时可适度提示。

（六）演练结束

所有分组人员完成任务返回演练控制区后，由信息控制人员宣布演练结束。

三、观察与记录

演练控制或评估人员应对演练过程中参演队伍各阶段决策行动、协调配合、作业实操等进行观察与记录。一是由于演练动态变化，各组决策行动存在差异，记录相关数据便于综合把控演练进度，加强总体及组间协调调度，应对突发事件；二是通过跟踪巡视演练建（构）筑物环境安全风险，可消除不稳定因素；三是为演练评估准备相关数据和素材。

第四节　演　练　评　估

演练评估是整个演练活动的最后环节，是强化认知与理解，提升培训成效的重要手段，一般在演练控制区开展。评估专家不仅要全程参与演练，还应熟悉演练过程、了解参演人员工作特点、抓住演练主题，能够就演练过程中发现的问题给予指导。参演人员也可通过评估掌握自身应急处置是否有效、合理、科学，以及日后如何改进[7]。"第一响应人"培训活动主要面对的是基层非专业人员，为保障评估过程全面准确、科学可信、客观公正，应完善评估团队职能职责，建立通用可行的评估指标，同时还应具备一定的评估策略与方法，使演练效果进一步扩大。

一、评估团队

评估人员主要由演练控制组，特别是各科目所涉及的授课人员组成，具体任务分工应在演练开始前完成，便于观察记录整个流程。

二、评估指标

（一）灾害形势评估及危险识别

主要针对草图绘制、行进路线选择、任务分区、场地优先级判定，现场危险点识别等开展情况进行评估，评估指标包括：

（1）预期行动是否存在遗漏？

（2）灾情背景是否有所考虑？

（3）图件要素是否全面准确？

（4）决策判定是否科学合理？

（5）协调配合是否顺畅高效？

……

（二）搜索营救

主要针对作业点科目开展情况进行评估，评估指标包括：

（1）基本程序是否掌握？

（2）技能操作是否规范？

（3）工具制作是否准确？

（4）分工合作是否顺畅？

（5）安全防护是否兼顾？

……

（三）紧急医疗

主要针对紧急医疗或心理安抚等开展情况进行评估，评估指标包括：

（1）分析研判是否准确？

（2）操作程序是否得当？

（3）操作方法是否规范？

……

（四）就便装备物资器材

主要针对现场就便装备物资器材寻找及使用情况进行评估，评估指标包括：

（1）寻找是否成功？

（2）选择是否得当？

（3）使用是否规范？

······

（五）专业救援队交接

主要针对与专业救援队交接过程情况进行评估，评估指标包括：

（1）评估内容是否交接（含草图)？

（2）场地救援进展是否交接？

（3）当前整体形势是否介绍？

（4）困难与需求是否交接？

······

三、评估方式

（1）采取现场口头评述方式。

（2）采取整体情况、各组情况、个人情况三个层次。

（3）采取先抑后扬的评估方式，先肯定成绩与经验，再查找缺陷、问题和漏洞。

（4）采取按演练流程分块评估方式。

（5）采取分析资料，组间对比，实际与课件对比等方式。

案例分享10-1　演练典型场景

为进一步巩固演练培训的成果，深入理解"综合演练组织与实施"工作内容，现梳理典型演练培训案例，并按照演练总体流程通过图文方式进行阐释，如图 10-8 所示。

(a) 信息注入后队员领取用具、器材

(b) 教官现场强调工具制作与使用

(c) 场地评估绘制草图及组内讨论

(d) 场地评估反馈时控制人员纠偏

(e) 人工搜索

(f) 人工搜索场地控制及指导

(g) 开展救援

(h) 救援场地控制及指导

(i) 伤员包扎

(g) 伤员搬运

(k) 简易工具制作

(l) 利用制作的就便工具(担架)
进行伤员转运,控制人员跟踪记录

(m) 同专业救援队交接

(n) 演练结束后总结评估

图 10-8 典型演练场景

参 考 文 献

[1] 郭伟. 汶川特大地震应急管理研究 [M]. 成都：四川人民出版社, 2009.

[2] 崔珂, 沈文伟. 基层政府自然灾害应急管理与社会工作介入 [M]. 北京：社会科学文献出版, 2015.

[3] 张俊, 李伟华, 张玮晶, 等. 地震应急管理基本概念 [M]. 北京：地震出版社, 2019.

[4] 务实的矿车. 加强基层工作人员组织协调能力 [EB/OL]. (2018 - 07 - 25) [2021 - 07 - 07] https：//www. sohu. com/a/243212422 _100138385.

[5] 尚红, 李亦纲, 杜晓霞, 等. 汶川地震科考项目震后自救互救调研报告 [R]. 北京：中国地震应急搜救中心, 2009.

[6] INSARAG Guidelines 2012 [EB/OL]. [2021 - 07 - 07] https：//www. insarag. org.

[7] 郭迅. 汶川大地震震害特点与成因分析 [J]. 地震工程与工程振动, 2009, 29 (6)：74 - 87.

[8] 许建华, 张俊, 赖俊彦, 等. 甘肃岷县漳县6.6级地震应急响应措施及特点分析 [J]. 灾害学, 2014, 29 (3)：188 - 191.

[9] 百度百科. 卡特里娜 [EB/OL] (2005 - 08 - 23) [2021 - 02 - 08] https：//baike. baidu. com/item/卡特里娜.

[10] 百度百科. 丽塔飓风 [EB/OL] (2005 - 09 - 29) [2021 - 02 - 08] https：//baike. baidu. com/item/丽塔飓风.

[11] 湖南省应急办, 湖南省防汛抗旱指挥部. 湖南省湘西州古丈县特大山洪地质灾害成功避险的经验与启示 [J]. 中国应急管理, 2016, 8：66 - 68.

[12] 苏幼坡, 徐美珍, 刘英利. 自救与互救：严重地震灾害扒救灾民方式 [J]. 河北理工学院学报 (社会科学版), 2003, 3(3)：33 - 35.

[13] 民政部国家减灾中心, 联合国开发计划署. 汶川地震救援工作报告 [R]. 北京：民政部国家减灾中心, 2009.

[14] 王东明, 李永佳, 陈洪富, 等. 汶川地震与玉树地震自救互救调

查情况比较研究［J］. 国际地震动态，2012（5）：19－25.

［15］和讯新闻. 乡亲们的守护神：记"8·17"洪灾中的安县高川乡国
土所所长马银国［EB/OL］.（2012－08－29）［2021－05－18］
http：//news. hexun. com/2012－08－29/145255986. html.

［16］李大鹏. 浅谈建筑物倒塌事故中的抢险救援行动［J］. 中国应急
救援，2014（4）：46－48.

［17］樊毫军，侯世科，汪茜，等. 国家地震灾害紧急救援队汶川地震
救援期间队员受伤情况分析［J］. 中华急诊医学杂志，2008
（10）：1023－1025.

［18］杨帆. 地震灾害现场救援方案决策研究［J］. 中国新技术新产品，
2020（1）：115－116.

［19］焦小杰，方涛，樊毫军，等. 玉树地震救援期间救援队队员受伤
情况分析［J］. 武警医学，2010，21（9）：824－825.

［20］网易政务. 村支书暴雨中营救受困村民被洪水冲走：我是支书我
上［EB/OL］.［2020－12－22］http：//gov. 163. com/special/ap-
pmicrolight_ninetyone/.

［21］新京报. 山东日照一村民小组长抗洪牺牲，疏通河道瞬间被水流
冲走［EB/OL］.（2019－08－12）［2020－12－22］https：//
www. sohu. com/a/333142359_114988.

［22］丁显孔. 地震后建筑倒塌的抢险救援［J］. 中国应急救援，2008
（6）：7－9.

［23］步兵，王巍巍. 影响救援现场安全的建筑倒塌扰动因素分析［J］.
中国应急救援，2019（1）：33－36.

［24］四川新闻网. 康定悲歌：共青团甘孜州委副书记袁雅逊救灾途中
遇难［EB/OL］.［2020－12－22］http：//scnews. newssc. org/sys-
tem/topic/1889/index. shtml.

［25］安徽商报. 庐江县同大镇连河村党委副书记王松在抗洪救援中失
联至今："王松，你在哪里？"安徽网［EB/OL］.（2020－08－
06）［2020－12－22］http：//www. ahwang. cn/yaowen/20200806/
2140055. html.

［26］人民日报海外网. 为救援少年足球队泰国海豹突击队前队员缺氧
死亡［EB/OL］.（2018－07－06）［2020－12－22］http：//news.
haiwainet. cn/n/2018/0706/c3541093－31348104. html.

[27] 新华社.巴基斯坦抗洪船发生触电事故至少造成25人伤亡[EB/OL].（2005－07－11）[2020－12－22] http：//news. cri. cn/gb/3821/2005/07/11/145@617398. htm.

[28] 钱江晚报.救援手记：在临海的"汪洋"中救人，消防队员摸黑前行遭遇触电[EB/OL].（2019－08－13）[2020－12－22] https：//www. thehour. cn/news/298798. html.

[29] 邱俊才.浅析地震次生火灾救援风险及安全防护对策[J].新教育时代电子杂志（教师版），2015（29）：65－65.

[30] 张光俊.火灾引起建筑倒塌危险性及其安全防范措施研究[J].中国应急救援，2015（2）：28－30.

[31] 宋述义，康伟军.地震次生水灾救援现场风险评估与安全防护[J].人间，2016，224（29）：285－285.

[32] 侯世科，樊毫军，杨轶.从国家地震灾害紧急救援队汶川地震救援谈科学施救[J].中华急诊医学杂志，2008（10）：1013－1015.

[33] 杨文芬.地震救援和次生灾害中的个体防护[J].安全，2008，29（6）：26－28.

[34] 豆丁网.宣威市救护队伤亡案例[EB/OL].（2012－11－09）[2020－12－22] https：//www. docin. com/p－522844890. html?docfrom＝rrela.

[35] 生活新报.云南宣威矿山救护队出意外因消息失误致1死7伤：搜狐新闻[EB/OL].（2008－08－03）[2020－12－22] http：//news. sohu. com/20080803/n258554380. shtml.

[36] 新华网.载17名官兵军车翻下山崖2人牺牲（图）[EB/OL].（2013－04－20）[2020－12－22] https：//news. qq. com/a/20130420/001411. htm.

[37] 董鹏.地震灾害应急救援人员的安全防护[J].中国个体防护装备，2015（4）：51－53.

[38] 李姜，杨柳，郭秋娜.探究地震灾害应急救援人员的安全防护[J].城市地理，2015（24）：278.

[39] 贾群林.地震应急救援培训的组织与管理[M].北京：地震出版社，2016.

[40] 新京报.山西临汾饭店坍塌事故36小时全记录[EB/OL].（2020－

08－31）［2021－07－07］http：//www. sd. chinanews. com. cn/2/
2020/0831/74586. html.

［41］王恩福．地震灾害紧急救援手册［M］．北京：地震出版社，
2011.

［42］本书编写组．地震来了怎么办［M］．北京：地震出版社，2008.

［43］Macintyre A G，Barbera J A，Smith E R. Surviving collapsed structure
entrapment after earthquakes：A'time－to－rescue'analysis［J］. Pre-
hosp Disaster Med，2006，21（1）：4－19.

［44］张庆江，张俊，宁宝坤．灾害救援中非专业人员培训探讨［J］.
中华灾害救援医学，2015，（10）：542－544.

［45］郑静晨．现代灾害医疗救援五项技术［J］．中华急诊医学杂志，
2013，22（2）：117－119.

［46］Waeckrle J F. Disaster planning and response［J］. N Engl J Msd，
1991，324（12）：815.

［47］赵兴吉．院前急救在灾害救援中的作用［J］．中华急诊医学杂志，
2007.

［48］李向辉，侯世科，樊毫军，等．检伤分类在印尼海啸危重伤员转
运中的应用［N］．军医进修学院学报，2009，30（6）：803－805.

［49］杨杰．心肺复苏：基本生命支持［J］中国临床医生，2014，（3）：
74－77.

［50］郑杨，赵巍．2015 年 AHA 心肺复苏及心血管急救指南更新解读
［J］．中国实用内科杂志，2016，36（4）：292－294.

［51］祝墦珠．全科医生临床实践［M］．北京：人民卫生出版社，
2017.

［52］美国心脏协会．2020AHA 心肺复苏和心血管急救指南更新［R］.
Circulation Research，2020－10.

［53］医脉通综合．2020 AHA 心肺复苏和心血管急救指南更新［EB/
OL］.（2020－10－22）（2021－04－08）https：//news. medlive.
cn/all/info－progress/show－173319_129. html.

［54］［日］山本保博著；霍春梅译．家庭必备急救手册［M］．河南：
科学技术出版社，2009－04.

［55］教学案例/设计－教学研究．出血与止血教案［EB/OL］.（2019－
11－03）［2021－04－08］https：//wenku. baidu. com/view/89abb3ebc

4da50e2524de518964bcf84b8d52da2. html?fr = search – income2&fixfr = 9GX6zB4WKiUmMDzTnJT3ww% 3D% 3D.

［56］珠宝佩戴攻略．常见止血法：包扎止血法［EB/OL］．（2019 – 10 – 27）［2020 – 04 – 08］https：//www. 360kuai. com/pc/96ee2cd97ff9ff75c?cota = 4&kuai_so = 1&tj_url = so_rec&sign = 360_57c3bbd1&refer_scene = so_1.

［57］39 健康网社区．介绍几种骨折固定方法［EB/OL］．（2008 – 11 – 21）［2020 – 04 – 08］http：//gk. 39. net/0811/21/713182. html.

［58］骨折 – 基础医学 – 医药卫生．骨折的固定与搬运［EB/OL］．（2019 – 07 – 04）［2021 – 04 – 08］https：//wenku. baidu. com/view/d4f912b403768e9951e79b89680203d8cf2f6aea. html?fr = search – 1 – wk_sea_es – income1&fixfr = JM1iy7cWXM8tFUBq4p8Nww% 3D% 3D.

［59］593859150 广东工业大学信息工程学院红十字会．搬运与护送［EB/OL］．（2012 – 06 – 02）［2021 – 04 – 08］https：//wenku. baidu. com/view/4691473583c4bb4cf7ecd143. html.

［60］基础医学 – 医药卫生 – 专业资料．创伤的搬运护送［EB/OL］．（2019 – 12 – 28）［2021 – 04 – 08］https：//wenku. baidu. com/view/6ac964b711a6f524ccbff121dd36a32d7375c783. html?fr = search – 1 – income6&fixfr = VnQ4buTfNZnmAiAQQAJfeA% 3D% 3D.

［61］OCHA INSARAG First Responder Guidance Note III［EB/OL］．［2021 – 07 – 07］https：//www. insarag. org.

［62］李立，王建平，赵兰迎，等．地震救援装备分类研究［J］．中国应急救援，2018（3）：55 – 59.

［63］陆林．新冠肺炎疫情期间医护人员如何做好自我心理疏导［M］．北京：中国人口出版社，2020.

［64］仇德辉．数理情感学［M］．北京：中共中央党校出版社，2018.

［65］刘建斌，祁健．商科类研究生对翻转课堂教学效果的认知和行为调查：独立学院毕业生就业的焦虑、抑郁情绪与 A – B 型人格类型相关研究［J］．教育现代化，2018（28）：251 – 253.

［66］［美］Michael D. Yapko. 临床催眠实用教程［M］．4 版．高隽，译．北京：中国轻工业出版社，2019.

［67］马伟军，王晓彤，王秋雪，等．各类社会人群如何做好疫情心理防护［EB/OL］．（2020 – 02 – 09）［2021 – 07 – 07］http：//

参 考 文 献

psy. ecnu. edu. cn/43/11/c17484a279313/page. htm.

［68］陈伟平. 应急救援人员的心理训练方法［J］. 中国应急救援，2019（4）：41-45.

［69］四川新型冠状病毒肺炎疫情心理干预工作组. 华西医学大系. 新型冠状病毒大众心理防护手册［M］. 成都：四川科学技术出版社，2020.

［70］徐晓芳. 创伤后心理危机干预及模式的研究［J］. 社会研究，2013（9）：75-76.

［71］张天罡，刘本帅. 浅谈救援人员的心理自我照顾［J］. 中国应急救援，2020（5）：48-51.

［72］金燕，闻卫东，喻迎九，等. 狂犬病恐惧症的病因及门诊心理干预六例分析［J］. 中国全科医学，2016，19（23）：2858-2860.

［73］陈欢欢. 中科院心理所所长张侃：预计心理受灾群众将超过50万［EB/OL］.（2008-05-20）［2020-12-20］http：//news. sciencenet. cn/htmlnews/20085208445694206871. html.

［74］徐爱慧. 我国突发事件紧急救援队伍分类分级研究［D］. 北京：中国地震局地壳应力研究所，2018.

［75］中国地震局震灾应急救援司. 国家和省级地震灾害紧急救援队情况简介［EB/OL］.（2006-11-20）［2021-07-07］https：//www. cea. gov. cn/manage/html/8a8587881632fa5c0116674a018300cf/_history/08_06/30/1214801097265. html.

［76］中国地震局. 建立地震应急救援队伍［EB/OL］.（2018-12-02）［2021-07-07］https：//www. cea. gov. cn/cea/xwzx/zyzt/ggkf40zn/40nfyjc/ywtxzzzc/4956029/5279018/index. html.

［77］侯磊. 应急管理部：我国应急救援力量体系加快形成［EB/OL］.（2019-01-22）［2021-07-07］http：//www. 81. cn/jwgz/2019-01/22/content_9410554. htm.

［78］李亦纲，张媛，赖俊彦，等. 应急演练指南：设计、实施与评估［M］. 北京：地震出版社，2019，1-2.

［79］刘传正. 地质灾害应急演练的基本问题［J］. 中国地质灾害与防治学报，2018，29（6）：1-7.

［80］解玉宾，张小兵，王建飞，等. 突发生产事故应急演练设计［J］. 中国安全生产科学技术，2015，11（10）：141-148.

［81］李亦纲，尹光辉，黄建发，等．应急演练中的几个关键问题［J］．中国应急救援，2007（3）：33－35.

［82］邹积亮．我国应急演练的创新性实践［J］．中国减灾，2019，12（上）：22－25.

［83］李明．德国战略演练的理论基础及流程设计［J］．中国公共安全（学术版），2015（4）：39－43.

［84］郑通彦，郑毅．地震应急桌面演练关键问题研究［J］．震灾防御技术，2014，9（3）：533－539.

［85］闫旭．突发事件应急演练组织实施与常见问题研究［J］．管理观察，2019（15）：60－62.